W0256389

FORSCHUNGSERGEBNISSE
DES VERKEHRSWISSENSCHAFTLICHEN INSTITUTS
AN DER TECHNISCHEN HOCHSCHULE STUTTGART
HERAUSGEGEBEN VON PROF. DR.-ING. CARL PIRATH
HEFT 15

DER EUROPÄISCHE
LUFTVERKEHR

IN PLANUNG UND GESTALTUNG

Mit 25 Abbildungen

SPRINGER-VERLAG
BERLIN / GÖTTINGEN / HEIDELBERG
1952

ISBN-13: 978-3-540-01628-1   e-ISBN-13: 978-3-642-94592-2
DOI: 10.1007/978-3-642-94592-2

ALLE RECHTE, INSBESONDERE DAS DER ÜBERSETZUNG
IN FREMDE SPRACHEN, VORBEHALTEN.
COPYRIGHT 1952 BY SPRINGER-VERLAG OHG., BERLIN / GÖTTINGEN / HEIDELBERG

Vorwort.

Die Reihe der Forschungshefte des Verkehrswissenschaftlichen Instituts für Luftfahrt an der Technischen Hochschule Stuttgart, die mit den Nummern 1—14 während der Zeit von 1929—1940 erschienen ist, soll im vorliegenden Heft 15 fortgesetzt werden. Die ungefähr zehn Jahre lange Unterbrechung wurde durch den zweiten Weltkrieg und seine Nachwirkungen verursacht, durch die das Dasein des zivilen Luftverkehrs von Europa und die Arbeit des Instituts fast ganz zum Erliegen kamen. Auf der anderen Seite hat der zweite Weltkrieg für die Verbesserung der Raumüberwindung auf dem Luftwege den besonderen Vorteil mit sich gebracht, daß die technische Entwicklung der Luftfahrt endgültig den Aufbau eines Weltluftverkehrsnetzes gestattete, in dem auch die schwierigste und verkehrswirtschaftlich wichtigste Lücke über den Nordatlantik verkehrsreif geschlossen wurde.

Dieser positiven Entwicklung der Luftfahrt mußte das Institut nach zwei Richtungen bei der vollen Wiederaufnahme seiner Arbeit Rechnung tragen. Einmal trat immer mehr an die Stelle einer unmittelbaren wissenschaftlichen Förderung des Luftverkehrs in technischer und verkehrswirtschaftlicher Hinsicht seine Eingliederung in das gesamte Verkehrswesen als neues wichtiges Hauptverkehrsmittel. Das hatte zur Folge, daß das bisher nur für verkehrswirtschaftliche Aufgaben der Luftfahrt eingerichtete Institut seine Grundlagen in der Weise verbreitern mußte, daß wohl der Luftverkehr auch weiterhin in erster Linie gepflegt wird, aber darüber hinaus auch die übrigen Verkehrsmittel in den Forschungsbereich des Instituts einbezogen wurden. Diese materielle Erweiterung war um so notwendiger, als der Luftverkehr ein integraler Bestandteil des gesamten Verkehrswesens zu Wasser, zu Lande und in der Luft geworden ist, dessen Synthese mit der Arbeit der übrigen Verkehrsmittel im Interesse der Volkswirtschaften und der Weltwirtschaft einer wissenschaftlichen Betreuung nach der technischen und wirtschaftlichen Seite bedarf.

Entsprechend dieser Entwicklung der Aufgaben des Instituts wurde sein Name geändert in „Verkehrswissenschaftliches Institut" an der Technischen Hochschule Stuttgart und das Kuratorium als fördernde Gemeinschaft, bestehend aus acht Mitgliedern, neu gebildet. Dem Kuratorium gehören an: Vertreter der Hoheitsverwaltungen des Bundes für Verkehr und Post, der Hoheitsverwaltung für Verkehr des Landes Württemberg-Baden, der Kultverwaltung des Landes Württemberg-Baden, der Hauptverkehrsträger des Fern- und Nahverkehrs sowie der Industrie- und Handelskammer Stuttgart.

Das vorliegende Heft ist dem europäischen Luftverkehr gewidmet. Es befaßt sich in seinem ersten Artikel mit der Gestaltung des europäischen Luftverkehrs und der Raumlage der Flughäfen auf der Grundlage des Luftverkehrsbedarfs, zu dessen Ermittlung nach Art, Größe und räumlicher Verteilung Verfahren entwickelt werden. Im zweiten Artikel werden die neuesten Grundlagen für die technische Planung und Gestaltung der Flughäfen behandelt und an dem konkreten Beispiel eines Zentralflughafens Niedersachsen praktisch erläutert.

Der Springer-Verlag, der bisher die Forschungshefte des Instituts verlegte, hat sich in dankenswerter Weise bereit erklärt, den Druck und Verlag der weiteren Hefte zu übernehmen.

Die bisher erschienenen Forschungshefte 1 bis 14, über deren Inhalt am Schluß des Heftes eine Übersicht gegeben ist, sind sämtlich vergriffen. Wegen der starken Nachfrage nach ihnen wird voraussichtlich in nächster Zeit ein Neudruck hergestellt und ihr Vertrieb vom Springer-Verlag, Berlin, übernommen.

Stuttgart, im Juli 1952.

Carl Pirath.

Inhaltsverzeichnis.

Die Voraussetzungen und Möglichkeiten des europäischen Luftverkehrs.
Von Prof. Dr.-Ing. Carl Pirath

Die Gestaltung der Flughäfen.
Von Dr.-Ing. Carl E. Gerlach

Die Voraussetzungen und Möglichkeiten des europäischen Luftverkehrs.

Von Prof. Dr.-Ing. **Carl Pirath**, Stuttgart.

I. Allgemeines.

Wenn man sich über die Voraussetzungen und Möglichkeiten des europäischen Luftverkehrs im Sinne der Großräumigkeit des Verkehrs, die vor allem für einen leistungsfähigen und wirtschaftlichen Luftverkehr erste Bedingung ist, Gedanken macht, so springt für den europäischen Raum das große Mißverhältnis zwischen den Voraussetzungen und den Möglichkeiten besonders in die Augen. Wie bei kaum einem anderen Verkehrsmittel entscheidet beim Luftverkehr die Wirtschaftsgeographie und die aus ihr sich ergebende räumliche Verteilung der Verkehrsbedürfnisse über seine Daseinsberechtigung und die politische Geographie über seine Daseinsmöglichkeit. Die in der Wirtschaftsgeographie der Länder Európas liegenden und übersehbaren Voraussetzungen und Notwendigkeiten eines ausreichenden Luftverkehrsbedarfs stehen einer politischen Geographie gegenüber, die die Möglichkeiten zur Befriedigung der Luftverkehrsbedürfnisse in starkem Maße negativ beeinflußt. Sie liegt einmal in dem quer durch Deutschland und damit Mitteleuropa verlaufenden eisernen Vorhang und zweitens in der Vielzahl der Länder und Grenzen, die dreidimensional den europäischen Luftverkehrsraum zerhacken und dem Luftverkehr seine konstitutionelle Raumfreiheit vorenthalten.

Die Harmonie zwischen Voraussetzungen oder Notwendigkeiten einerseits und Möglichkeiten andererseits herzustellen, ist ein ständig lebendiges Problem, dessen Lösung im europäischen Raum zur Zeit zwar noch schicksalhaft erschwert ist, aber in ihren wichtigsten Punkten übersehbar ist. Es ist der Sinn der nachstehenden Untersuchungen, einen Beitrag zur Lösung dieses wichtigen Problems zu liefern. Im einzelnen soll dabei eingegangen werden auf:

a) Der Luftverkehrsbedarf Europas als Voraussetzung für die zweckmäßige Planung des Luftverkehrsnetzes und der Raumlage der Flughäfen;

b) die Entwicklungslage im europäischen Luftverkehr als Grundlage für die Beurteilung der Möglichkeiten seiner weiteren Ausgestaltung.

Bei der Durchführung der Untersuchungen wird die große politische und wirtschaftliche Einheit der Vereinigten Staaten von Amerika in mancher Beziehung um so mehr Maßstab für die Beurteilung des politischen und wirtschaftlichen Schachbretts Europa vom Standpunkt des Luftverkehrs sein können, als die wirtschaftliche Struktur und die Entwicklung der beiden kontinentalen Gebiete viel Gemeinsames aufzuweisen haben.

II. Der Luftverkehrsbedarf als Voraussetzung für einen europäischen Luftverkehr.

1. Der Luftverkehrssektor in der allgemeinen Verkehrswirtschaft.

Die Bedarfslage im Luftverkehr ist regional in erster Linie abhängig von der Position des Luftverkehrs in der allgemeinen Verkehrswirtschaft. Diese Position wird bestimmt durch die große Schnelligkeit und die verhältnismäßig hohen Transportkosten des Luftverkehrs, also durch eine positive und eine negative verkehrswirtschaftliche Grundeigenschaft. Ihre Synthese findet ihren

Ausdruck in der eindeutigen Tatsache, daß der Luftverkehr in verkehrswirtschaftlich durch Eisenbahnen und Straßen gut erschlossenen Gebieten, wie in den meisten europäischen Ländern, erst auf Entfernungen von mehr als 300 km einen ins Gewicht fallenden Verkehrsbedarf zu entwickeln vermag.

Diese Bindung an so große Transportweiten hat zur Folge, daß dem Luftverkehr in der allgemeinen Verkehrswirtschaft ein ganz bestimmtes Verkehrsbedarfsfeld zufällt. Vielleicht läßt sich das am besten durch einige konkrete Beispiele veranschaulichen. Der Verkehrsbedarf wird im allgemeinen durch das spezifische Verkehrsbedürfnis ausgedrückt oder durch die Zahl der Reisenden, Tonnen Fracht und Post, die auf 1000 Einwohner des Verkehrsgebietes in einem Jahr entfallen. In der Tabelle 1 ist das spezifische Verkehrsbedürfnis im Nah-, Fern- und interkontinentalen Verkehr auf Straßen und Eisenbahnen bzw. in der Überseeschiffahrt in Abhängigkeit von der Reiseweite im Personenverkehr dargestellt. Im Vergleich zu den in der Tabelle enthaltenen Zahlen lag das spezifische Verkehrsbedürfnis im innereuropäischen Luftverkehr im Jahre 1950 bei 10 Reisenden je 1000 Einwohner und Jahr mit einer mittleren Reiseweite von 500 km. Im Fracht- und Postverkehr ist die Tendenz ähnlich wie in Tab. 1 gelagert, doch sind die Unterschiede für die verschiedenen Raumweiten nicht so groß wie im Personenverkehr.

Die Zahlen bestätigen das wichtige Grundgesetz der Verkehrswirtschaft, daß die Zahl der Transportakte im Personen-, Fracht- und Postverkehr mit der Zunahme der Transportweiten oder der Entfernungen abnimmt, und zwar aus dem durchaus einleuchtenden Grund, daß mit der Entfernung auch der Zeitaufwand und die Kosten zunehmen.

Tabelle 1. *Das spezifische Verkehrsbedürfnis im Personenverkehr in Abhängigkeit von der Reiseweite (abfahrende Reisende je 1000 Einwohner und Jahr).*

	Spezifisches Verkehrsbedürfnis Reisen/1000 E/Jahr	Mittlere Reiseweite km
Öffentlicher Nahverkehr von mittleren Großstädten	200 000	4
Fern- und Überlandverkehr eines Landes (Deutschland)	20 000	30
Schnellzugsverkehr eines Landes (Deutschland)	1 000	200
Kontinentaler Verkehr Europas	80	500
Interkontinentaler Verkehr zur See über den Nordatlantik zwischen Europa und Nordamerika	4	4500

Auch der Luftverkehr unterliegt diesem Gesetz. Er ist wegen seiner verhältnismäßig hohen Selbstkosten gezwungen, diesen Nachteil durch einen möglichst hohen Zeitvorsprung gegenüber der Eisenbahn, Straße und Seeschiffahrt auszugleichen. Nach den Erfahrungen des praktischen Luftverkehrs, die durch theoretische Berechnungen bestätigt werden, wendet sich der Verkehrskunde in stärkerem Maß dem Luftverkehr zu, wenn er ihm ein Vorsprungsmaß von 2,5 und mehr bietet, mit anderen Worten, wenn zwischen zwei Orten die Reisezeit auf Eisenbahn und Straße 2,5mal so groß ist wie im Luftverkehr. Dieses Maß beginnt praktisch zu werden bei einer Reiseweite von 300 km und erhöht sich mit zunehmender Reiseweite.

Das bedeutet, daß der Luftverkehr konstitutionell an den Bereich des Verkehrsbedarfs mit dem niedrigsten spezifischen Verkehrsbedürfnis gebunden ist, wie es zum Teil beim Schnellzugsverkehr, vor allem aber bei den kontinentalen und interkontinentalen Verkehrsbeziehungen vorliegt. Die Verkehrsdecke des Luftverkehrs wird prinzipiell verhältnismäßig dünn sein.

Aus dieser Sachlage läßt sich die primäre Forderung für die Bildung eines Luftverkehrsnetzes ableiten: Konzentration der Erfassung des Verkehrsbedarfs in möglichst wenigen verkehrsstarken Flughäfen im Interesse einer genügenden Ausnutzung der Kapazität der Flugzeuge durch zahlende Last. Diese Forderung wird um so leichter zu erfüllen sein, je geschlossener die charakteristischen Verkehrsbedürfnisse im natürlichen Wachstum des Siedlungsraumes vorhanden sind und sich gleichsam als Kristallisationspunkte dem Anschluß an das Luftverkehrsnetz anbieten.

Die Kristallisationspunkte als Träger des höchsten Verkehrsbedarfs für den Luftverkehr lassen sich nach drei Grundtypen von Städten gliedern. Es sind dies:

a) Handelsstädte, in denen der Großhandel eine vorherrschende Rolle spielt,

b) Industriestädte, deren wirtschaftliche Struktur durch Produktionsstätten maßgebend beeinflußt wird,

c) Verwaltungsstädte, in denen sich die Erwerbstätigkeit der Einwohner vor allem auf die Verwaltungseinrichtungen, das Finanzwesen und die freien Berufe erstreckt.

In reiner Form kommen diese Typen seltener vor als in gemischter Form mit Schwerpunkt nach der einen oder nach der anderen Seite. Auf alle Fälle aber steigert sich in den gemischten Typen der Verkehrsbedarf für den Luftverkehr mit ihrer Größe und wirtschaftlichen Mannigfaltigkeit. Von ihnen, den Stätten höchster zivilisatorischer Ansprüche, strahlen, je größer sie sind, um so stärker, die weitreichenden Verkehrsbedürfnisse der in Handel, Industrie und Verwaltung tätigen leitenden Menschen aus. In ihnen suchen hoch- und eilwertige Güter ihren regional weitgespannten Absatz- und Bezugsbereich, und ein besonders starkes Bedürfnis nach Raumüberwindung im Nachrichtenverkehr ist hier vorhanden. Die bedeutendsten Knotenpunkte der Eisenbahnen und Straßen liegen in ihnen und stellen die günstigsten Voraussetzungen für die Unterverteilung des Luftverkehrs durch die Erdverkehrsmittel dar. Wie sehr sie den Verkehrsbedarf bestimmen, zeigt die Analyse der Tab. 2.

Tabelle 2. *Analyse des Luftverkehrs in Abhängigkeit von der Größe der angeflogenen Städte im Jahre 1950 für den inneramerikanischen Luftverkehr und im Jahre 1938 für den deutschen Luftverkehr.*

R = Reisende; F = Fracht; P = Post

Einwohnerzahl der Städte	Vereinigte Staaten von Amerika 1950					Deutschland 1938				
	Anzahl der Flughäfen	Flugzeugabflüge %	R %	F %	P %	Anzahl der Flughäfen	Flugzeugabflüge %	R %	F %	P %
250 000 und mehr	52	54	76,0	92,0	83,0	19	88,1	92,7	94,1	94,4
50 000—250 000	79	24	16,0	7,0	11,7	8	11,8	7,0	5,7	5,6
25 000— 50 000	75	9	4,0	} 1,0	2,3	1	0,1	0,3	0,2	—
10 000— 25 000	115	7	2,5		2,0	—	—	—	—	—
5 000— 10 000	67	4	1,0		} 1,0	—	—	—	—	—
weniger als 5000	55	2	0,5			—	—	—	—	—
	443	100	100	100	100	28	100	100	100	100

Die Bedeutung der Städte von mehr als 250 000 Einwohnern für den Luftverkehr wird noch durch den Umstand unterstrichen, daß in ihnen in den Vereinigten Staaten von Amerika nur 23% und in Deutschland nur 22% der gesamten Bevölkerung wohnen. Der Unterschied in den Anteilzahlen des Luftverkehrs der Vereinigten Staaten von Amerika und Deutschland erklärt sich in erster Linie daraus, daß in Deutschland und anderen europäischen Ländern das Eisenbahn- und Straßennetz wesentlich dichter ist als in den Vereinigten Staaten, der amerikanische Luftverkehr sich daher auch auf Städte mit weniger als 250 000 Einwohnern stützen kann. Dieser grundsätzliche Unterschied in der Raumerschließung durch die Erdverkehrsmittel in Europa und in den Vereinigten Staaten von Amerika wird uns noch an anderer Stelle beschäftigen, da er das spezifische Verkehrsbedürfnis im Luftverkehr wesentlich beeinflußt.

2. Die regionale Verteilung des Luftverkehrsbedarfs in Europa und ihre Probleme.

Wird auf Grund des bisher Gesagten davon ausgegangen, daß für den europäischen Raum mit seiner verkehrlich guten Erschließung durch die Erdverkehrsmittel Städte von 300 000 Einwohnern und mehr die Hauptträger des Luftverkehrsbedarfs sein werden, so bildet die räumliche Verteilung dieser Städte die Grundlage für eine organische Gestaltung des Luftverkehrsnetzes und die Herrichtung der Flughäfen. Diese räumliche Verteilung der Städte weist für den europäischen Raum nach Abb. 1 zwei Grundtypen auf[1]:

a) Zentralisation des Handels, der Industrie und Verwaltung in einigen wenigen Großstädten eines Landes und
b) Dezentralisation in viele Großstädte, die zum Teil eng zusammenliegen.

Frankreich ist typisch für die Zentralisation, Deutschland und Großbritannien für die Dezentralisation. So liegen beispielsweise im Ruhrgebiet 6 Städte von mehr als 300 000 Einwohnern in Entfernungen von 9—24 km auf engem Raum zusammen. Für Frankreich ist die richtige Auswahl der Flughäfen kein Problem, für Deutschland ist sie dagegen eine Frage, die

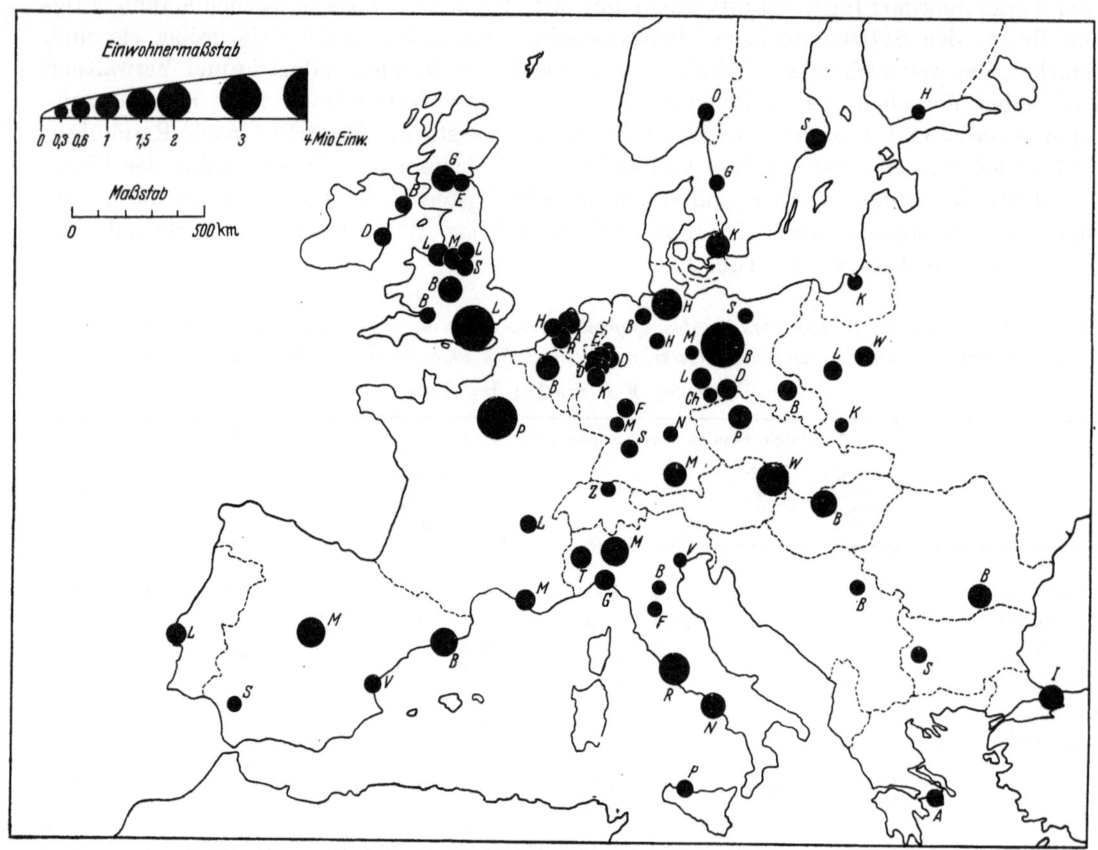

Abb. 1. Räumliche Verteilung der Städte über 300 000 Einwohner.

nicht einfach zu beantworten ist und deren Klärung nicht allein durch den natürlichen Wettbewerb benachbarter Städte im Kampf um einen Flughafenanschluß erschwert wird, sondern auch durch die in der Tat schwierige Entscheidung, zu welcher von mehreren benachbarten Städten ein Flughafen seine Schwerpunktslage haben soll. Das Problem eines Zentralflughafens für mehrere benachbarte Großstädte ist für Deutschland besonders aktuell. Im Raum der Benelux-Länder erschweren politische Grenzen die Anlage von Zentralflughäfen.

Ganz allgemein gesehen wird Frankreich ein einseitig aufgebautes Luftverkehrsnetz erhalten, das die Ballung von Handel und Industrie in Paris noch verstärken wird. Deutschland und Großbritannien können dagegen ein allseitig aufgebautes Luftverkehrsnetz entwickeln, das eine Streuung des Luftverkehrs im Interesse einer gesunden Raumordnung gestattet.

Der einseitige Anschluß eines Landes an das Luftverkehrsnetz, wie er in Frankreich vorliegt, hat ein spezielles Problem für den Aufbau eines Luftpostnetzes aufkommen lassen, über das eine

---

[1] Pirath, C.: Luftverkehr und Flughäfen als Glied der Landesplanung und des Städtebaus, Heft 19 des Internationalen Archivs für Verkehrswesen, Mainz, 1951.

Studiensammlung des internationalen Büros des Weltpostvereins in Bern in Heft 6 berichtet. Geht man davon aus, daß der Postaustausch zwischen allen Landeplätzen im Laufe einer Nacht durchgeführt werden muß, so würde im Sinne der Schaffung von Kristallisationspunkten für den Luftpostverkehr für je 30 000 bis 36 000 km² Landesfläche ein Luftlandeplatz für Post vorzusehen sein. Dieser Luftlandeplatz soll möglichst mit den Postleitstellen für Luftpost zusammenfallen[1].

Bei einer Gesamtfläche Frankreichs von 550 000 km² und 42 000 000 Einwohnern würde das bedeuten, daß mindestens 15 Landeplätze mit einem durchschnittlichen Einflußgebiet von 2,8 Millionen Einwohnern vorhanden sein müßten, um die Postbeförderung auf dem Luftwege leistungsfähig zu gestalten. Das allgemeine französische Luftverkehrsnetz weist aber nur drei Städte von mehr als 300 000 Einwohnern und daher nur drei Flughäfen auf, die zwar in ihrem Einzugsgebiet zusammen 40% der gesamten französischen Luftpost vertreten, für die aber 60% zu abseits liegen. Für diese 60% müßten 12 besondere Flugplätze vorgesehen werden, deren Verkehrspotential in bezug auf den Postverkehr wohl ausreichend wäre, dagegen weniger für den Personen- und Frachtverkehr, was als grundsätzlicher verkehrswirtschaftlicher Mangel anzusehen wäre und erhöhte Ausgaben für den Postverkehr mit sich bringen würde.

Vergleichen wir nun mit dieser Situation in Frankreich die Verhältnisse in der Deutschen Bundesrepublik, die 250 000 km² umfaßt bei 48 Millionen Einwohnern, so würden 7—8 Flugplätze mit je 6—7 Millionen Verkehrseinwohnern für den Postaustausch zwischen allen Flugplätzen im Laufe einer Nacht notwendig sein. In der Tat sind 10 Flugplätze vorhanden, die alle in der Nähe von Großstädten mit mehr als 300 000 Einwohnern liegen und daher ein Verkehrspotential nicht allein für den Postverkehr, sondern auch für den Personen- und Frachtverkehr haben. Ähnlich liegen die Verhältnisse in Großbritannien. Der allseitige Anschluß eines Landes an das Luftverkehrsnetz, wie er in Deutschland und Großbritannien möglich ist, zeigt an diesem Beispiel seine besonderen Vorzüge, die naturgemäß auch dem internationalen europäischen Verkehr zugute kommen.

3. Der Verkehrswert der Flughäfen.

Die generelle Auswahl der Städte von mehr als 300 000 Einwohnern als Festpunkte für die Verankerung des kontinentalen Luftverkehrsnetzes im europäischen Wirtschaftsraum macht es notwendig, ihren Verkehrswert und damit ihre spezielle Bedeutung als Landes-, Kontinental- und Weltflughafen zu bestimmen. Bei dieser Sachlage ist es besonders wichtig, nach Maßstäben zu suchen, nach denen der Verkehrswert eines Flughafens beurteilt werden kann. Zu diesem Zweck empfiehlt es sich, den Verkehrswert eines Flughafens in der Reihenfolge der Wichtigkeit nach drei Gesichtspunkten zu gliedern, und zwar:

a) Verkehrsbedarfswert, b) Distanzwert, c) Bedienungswert.

Der Verkehrsbedarfswert wird getragen von dem Vorhandensein von Verkehrsbedürfnissen im weiteren und engeren Einzugsgebiet des Flughafens, für die im Ausgleich zwischen der Schnelligkeit des Transports und den erheblichen Transportkosten der Luftverkehr besondere Vorteile bietet. Der Distanzwert bezieht sich auf ein genügendes Abstandsmaß in der Anlage der Flughäfen zueinander und auf ein zulässiges Abstandsmaß des Flughafens von seinem Verkehrsschwerpunkt. Durch beide kann der Verkehrsbedarfswert mehr oder weniger aktiviert werden. Der Bedienungswert wird charakterisiert durch die Zahl der Luftverkehrslinien und der Abflüge, die im Gesamtsystem des Luftverkehrsnetzes für den Flughafen planmäßig festgelegt sind. Je größer diese Zahl ist, um so häufiger ist die Verkehrsgelegenheit, und um so stärker wird das Verkehrsbedürfnis für den Luftverkehr angeregt.

Alle drei Faktoren ergänzen sich gegenseitig, doch während der Verkehrsbedarfswert in erster Linie von der Wirtschaftsstruktur des Einzugsgebiets bestimmt wird, ist der Distanzwert ab-

---

[1] Müller, P.: Die Nutzbarmachung des Flugzeuges für reine Postbeförderung, Heft 17 der Zeitschrift für Post- und Fernmeldewesen, Frankfurt, 1951.

hängig von der räumlichen Verteilung der Kristallisationspunkte für den Luftverkehr, also der Raumlage der übrigen Flughäfen sowie von der Leistungsfähigkeit der mit dem Luftverkehr im Wettbewerb stehenden Erdverkehrsmittel zu Lande und zu Wasser. Der Bedienungswert ist eine Angelegenheit der Verkehrsunternehmungen und, wenn von ihnen betriebswirtschaftlich richtig gearbeitet wird, ein Ausfluß des Verkehrsbedarfswertes.

Im Zusammenspiel zwischen dem Verkehrsbedarfswert, dem Distanzwert und dem Bedienungswert sind die Flughäfen zu charakterisieren nach Landes-, Kontinental- und Weltflughäfen, da der Umfang und die Reichweite der von ihnen ausstrahlenden Verkehrsbedürfnisse jeder der Gattungen einen gesteigerten Verkehrswert verleihen. Wenn es daher möglich ist, den Verkehrsbedarfswert, den Distanzwert und den Bedienungswert eines Flughafens nach allgemeingültigen Gesichtspunkten durch Maßstäbe zu erfassen, so wird sich aus dieser Analyse für jeden Flughafen die Synthese für seinen Verkehrswert ableiten lassen, auf Grund dessen ihm eine bestimmte Rolle im Luftverkehrsnetz zugewiesen werden kann.

An erster Stelle steht hierbei der Verkehrsbedarfswert als eine jedem Flughafen eigene Voraussetzung für seine Einbeziehung in den Luftverkehr. Da er das Verkehrsvolumen bestimmt, soll er in einem besonderen Abschnitt untersucht und zunächst der Distanzwert und der Bedienungswert behandelt werden.

Der Distanzwert als Maßstab für den Verkehrswert eines Flughafens ist nach zwei Richtungen von Bedeutung. Einmal in bezug auf den Abstand der Flughäfen im Luftverkehrsnetz, dem sogenannten Netzabstand. und zweitens in der Lage eines Flughafens zum Verkehrsschwerpunkt seines Einzugsgebiets, dem sogenannten Ortsabstand. Der Netzabstand ist um so günstiger, je mehr die Schnelligkeit des Luftverkehrs ausgenutzt werden kann. Das ist besonders der Fall, wenn zwischen Abgangsort und Zielort möglichst wenig Zwischenlandungen nötig sind und eine große Raumweite liegt. Nach dieser Richtung gibt es keine den Luftverkehr abschreckende Grenze, wohl aber nach der entgegengesetzten Richtung, und zwar in der Kleinstentfernung der Flughäfen, die noch ein gewisses Zeitvorsprungsmaß gegenüber den Erdverkehrsmitteln gewährleistet. Nach den praktischen Erfahrungen im inneramerikanischen Luftverkehr liegt diese Grenze bei ungefähr 100 km Flughafenabstand.

Wenn in Ausnahmefällen die 100-km-Grenze unterschritten wird, so kann das berechtigt sein, wenn zwei benachbarte Städte einen besonders hohen Verkehrsbedarfswert besitzen und sie nicht im Nachbarschaftsverkehr in erster Linie den Luftverkehr benutzen, sondern im eigenständigen Ausstrahlungsverkehr nach anderen Flughäfen. In diesem Fall wird jedoch häufig der Gedanke naheliegen, einen zentralen Flughafen für beide Städte anzulegen, wenn ein erträglicher Zubringerdienst möglich ist.

Der Ortsabstand oder die Entfernung des Flughafens von dem Verkehrsschwerpunkt seines Einzugsgebiets, der in der Regel mit der Stadtmitte der benachbarten Großstadt zusammenfällt, bestimmt die Zubringerzeit und beeinflußt die gesamte Reisezeit um so mehr in ungünstiger Weise, je größer er ist. Im kontinentalen Verkehr Europas sollte der Ortsabstand nicht größer als 15 km sein und bei einem ausgesprochenen Weltflughafen nicht über 30 km hinausgehen, damit die Schnelligkeit des Flugzeuges für die Abkürzung der Reisezeit gegenüber den Erdverkehrsmitteln genügend wirksam werden kann.

Der Bedienungswert eines Flughafens wird in erster Linie durch eine zweckmäßige Flugplangestaltung der den Flughafen anfliegenden Verkehrsunternehmungen bestimmt. naturgemäß unter Berücksichtigung des dem Flughafen zukommenden Verkehrsbedarfswertes im Landes- und kontinentalen Verkehr. Vom Verkehrskunden wird eine tägliche Fluggelegenheit auf einer Luftverkehrsverbindung als Mindesthäufigkeit angesehen werden, da eine geringere ihm seine Arbeitsdisposition erschwert. Nur auf weltweiten Entfernungen wird er sich mit einer geringeren als täglichen Verkehrsgelegenheit abfinden. Besonders wichtig ist es, daß die Abflüge in Tagesstunden erfolgen, in denen der Verkehrsbedarf vorliegt. Das bezieht sich vor allen Dingen auf den Reisendenverkehr und bedeutet, daß in den Vormittags-, Mittags- und Abendstunden die häufigsten Gelegenheiten für den Abflug, vor allem im Landes- und kontinentalen Luftverkehr, geboten werden müssen. Auch in diesem Punkt kann von der Regel im interkontinentalen Verkehr abgewichen werden. Die Verteilung der Starts und der Landungen auf die verschiedenen Tagesstunden bei deutschen Flughäfen im Jahre 1950 läßt in dem fast völligen Fehlen von An- und Abflügen in den ersten Morgenstunden einen grundsätzlichen Mangel in der Bedienung der deutschen Flughäfen erkennen. Er erklärt sich in erster Linie daraus, daß die Deutschland bedienenden ausländischen Gesellschaften vor allem von ihrem Land aus den Anschluß nach Deutschland in den frühen Morgenstunden suchen, während in der umgekehrten Richtung die Betriebsdispositionen der ausländischen Gesellschaften Abflüge in dieser Zeit aus Deutschland nicht zulassen. Es besteht kein Zweifel, daß eine ausgeglichenere Verteilung der Starts und Landungen im deutschen Luftverkehr nicht allein den Verkehrskunden, sondern auch den Verkehrsunternehmungen Vorteile bringen würde.

4. Der Verkehrsbedarfswert der Flughäfen.

Der Verkehrsbedarfswert bestimmt das Verkehrsvolumen und damit das Verkehrspotential des Flughafens. Beurteilungsmaßstäbe zu seiner Ermittlung sind daher von besonderer Bedeutung. Sie lassen sich nach zwei Gesichtspunkten gliedern:

a) in materieller Hinsicht nach dem spezifischen Verkehrsbedürfnis des Verkehrsgebiets, in dem der Flughafen sich befindet,

b) in regionaler Hinsicht nach dem Einzugsgebiet des Flughafens.

Was zunächst das spezifische Verkehrsbedürfnis im Luftverkehr anbelangt, unterliegt es ähnlichen Gesetzen wie bei den übrigen Verkehrsmitteln, soweit nicht die ausgesprochene Großräumigkeit des Luftverkehrs eigene Bedingungen für seine Ermittlung stellt. Für jedes Verkehrsmittel ist zur richtigen Wahl seiner Raumlage sowie zur Bemessung und Gestaltung der technischen Verkehrsanlagen die Kenntnis der Art, Größe und räumlichen Verteilung des Verkehrsbedarfs im Personen-, Güter- und Nachrichtenverkehr eine unerläßliche Voraussetzung. Für die Eisenbahnen, Wasserstraßen und Straßen bedient man sich hierzu des spezifischen Verkehrsbedürfnisses, unter dem, wie bereits an anderer Stelle angeführt, die Zahl der Personen, Tonnen Fracht und Tonnen Post je 1 oder 1000 Einwohner des Verkehrsgebiets und Jahr verstanden wird. Es ist für diese Verkehrsmittel in der Vergangenheit in Abhängigkeit von der wirtschaftlichen Struktur des Verkehrsgebiets festgestellt worden und wird für neue Verkehrsplanungen unter Berücksichtigung etwaiger Wandlungen des Wirtschaftslebens zur Ermittlung der voraussichtlichen Verkehrsmengen zugrunde gelegt. Prinzipiell interessiert an dieser Stelle, daß bei den erdgebundenen Verkehrsmitteln das spezifische Verkehrsbedürfnis in landwirtschaftlichen Gebieten in der Regel nur ein Sechstel desjenigen von industriellen Gebieten je Einwohner und Jahr beträgt.

Für den Luftverkehr ist die Ermittlung des spezifischen Verkehrsbedürfnisses von ebenso großer Bedeutung wie für die übrigen Verkehrsmittel. Da aber der Luftverkehr in erster Linie seinen Verkehrsbedarf aus den wirtschaftlichen Kräften von hochwertiger Industrie, Handel und Verwaltung ziehen muß, dagegen weniger aus Landwirtschaft, Bergbau und Schwerindustrie, so kann auch das spezifische Verkehrsbedürfnis auf größere wirtschaftliche Raumeinheiten bezogen werden als bei den anderen Verkehrsmitteln. Die europäischen Länder bilden in ihrer Gesamtheit ebenso wie die Vereinigten Staaten von Amerika die größere wirtschaftliche Einheit einer gemischt landwirtschaftlich-industriellen Struktur. Es ist im Sinne der Bindung des Luftverkehrs an große Räume deshalb zweckmäßig, das spezifische Verkehrsbedürfnis im Luftverkehr auf alle Einwohner des Großraums, nicht aber differenziert auf die wirtschaftliche Gestalt kleiner Landschaften, zu beziehen. Das ist um so mehr berechtigt, als die Kristallisationspunkte für den Luftverkehr Großstädte sind, die die Zentren des zu ihnen gehörenden Wirtschaftsraumes darstellen, in dem im übrigen vielfach die hochwertige Industrie dezentralisiert und im Raum verteilt ein wichtiger Träger des Luftverkehrs ist.

Vielleicht wird es in Zukunft einmal möglich sein, das spezifische Verkehrsbedürfnis in Abhängigkeit von den Ortsgrößen und ihrem Wirtschaftscharakter festzustellen, sobald die nötigen wissenschaftlichen Vorerhebungen hierzu durchgeführt sind, die jedoch heute mit Rücksicht auf die ungenügende Konsolidierung des europäischen Luftverkehrs noch nicht gegeben sind. Eine derartige Differenzierung des spezifischen Verkehrsbedürfnisses birgt jedoch die Gefahr einer gewissen spekulativen Beurteilungsweise in sich, die der Durchschnittsmethode, d. h. der auf die Gesamtzahl der Einwohner bezogenen Verkehrsmengen, nicht anhaftet. Die Durchschnittsmethode nivelliert in zulässiger Weise Größen, die in ihrer Mannigfaltigkeit nur sehr schwer zahlenmäßig einzeln erfaßbar sind.

Auf dieser Grundlage wurde zum erstenmal von mir der Versuch gemacht, zu brauchbaren Werten für das spezifische Verkehrsbedürfnis im europäischen Luftverkehr zu gelangen[1].

Das dort angewandte Verfahren hat sich bewährt. Dagegen sind die Erwartungen, die an eine relativ ähnliche Entwicklung des Luftverkehrs in Europa wie in den Vereinigten Staaten von Amerika geknüpft wurden, nicht voll eingetroffen. Die noch immer wirksamen Hemmungen politischer und wirtschaftlicher Art, die über Europa lagern, beeinträchtigen auch heute noch den Aufstieg des europäischen Luftverkehrs. Da ferner zur Zeit der Untersuchung im Jahre 1947 das statistische Material noch unzulänglich war, soll für die Nachkalkulation der Ermittlung des voraussichtlich zu erwartenden spezifischen Verkehrsbedürfnisses von Europa die Lage des Luftverkehrs im Jahre 1950 zugrunde gelegt werden. Sowohl für die Vereinigten Staaten von Amerika wie vor allem für Europa liegen über dieses Jahr neuere und eingehendere statistische Unterlagen über die Entwicklung ihres Luftverkehrs vor.

Es wurde davon ausgegangen, daß der innereuropäische Luftverkehr getrennt werden muß von dem außereuropäischen Luftverkehr, um das kontinentale und Weltluftverkehrsbedürfnis Europas getrennt erfassen zu können. In gleicher Weise wurde für die Vereinigten Staaten von Amerika der inneramerikanische von dem außeramerikanischen Luftverkehr geschieden. Auf diese Weise wird es möglich, die fast störungsfreie Entwicklung des Luftverkehrs in den Vereinigten Staaten von Amerika mit dem auch heute noch stark gestörten Luftverkehr Europas zu vergleichen und aus diesem Vergleich Schlüsse für den europäischen Luftverkehr in normalen Zeiten abzuleiten.

In den zu diesem Zweck aufgestellten Tab. 3 und 4 wird unter dem inneren Luftverkehr Europas der Verkehr verstanden, der von europäischen und außereuropäischen, wie beispielsweise amerikanischen Luftverkehrsgesellschaften im Bereich Europas bedient wurde, und unter dem Auslandsluftverkehr Europas der von europäischen und nichteuropäischen Luftverkehrsgesellschaften bewältigte interkontinentale oder Weltluftverkehr, der von Europa nach anderen Erdteilen fließt. In gleicher Weise wurde für den Luftverkehr der Vereinigten Staaten von Amerika vorgegangen,

Tabelle 3. *Das spezifische Verkehrsbedürfnis im planmäßigen inneren Luftverkehr von Europa und den Vereinigten Staaten von Amerika (USA) in den Jahren 1937 und 1950.*

Verkehrsgebiet	Jahr	Einwohner Mill.	Abgeflogene Verkehrsmengen			Spezifisches Verkehrsbedürfnis Auf 1000 Einwohner entfallen jährlich					
			Personen 1000	Fracht 1000 t	Post 1000 t	Personen	Zunahme 1937 = 1	Fracht kg	Zunahme 1937 = 1	Post kg	Zunahme 1937 = 1
1	2	3	4	5	6	7	8	9	10	11	12
1. Europa (ohne osteuropäische Länder)	1937	233	820	6,3	6,5	3,5	1	27	1	28	1
	1950	256	2 620	44,0	10,8	10,2	2,9	173	6,5	42	1,5
2. USA	1937	131	1 197	4,5	9,8	9,1	1	38	1	82	1
	1950	150	15 978	158,4	61,6	106,0	11,7	1050	28	410	5

Quellen: Europaverkehr: Betriebsstatistik der Mitglieder der „International Air Transport Association" (IATA) für 1937 und 1950,
Statistik Nr. 15 der „International Civil Aviation Organisation" (ICAO) 1937 und 1950,
USA-Verkehr: „Recurrent Reports of Mileage and Traffic Data" des Civil Aeronautics Board (CAB), Washington, 1937 und 1950.

---

[1] Pirath, C.: Die Ermittlung des Verkehrsvolumens der Kontinental- und Weltflughäfen, Interavia, Genf, Heft 7/1949.

wobei insofern eine einfachere Lage vorhanden war, als im inneren Luftverkehr der Vereinigten Staaten von Amerika keine außeramerikanischen Luftverkehrsgesellschaften in fühlbarer Weise tätig sind.

Gemäß den Tabellen betrug im Jahr 1937, das für Europa und die Vereinigten Staaten von Amerika als ein Jahr normaler wirtschaftlicher Entwicklung für den Luftverkehr angesehen werden kann, das spezifische Verkehrsbedürfnis des Luftverkehrs in den Vereinigten Staaten von Amerika das 2,6fache desjenigen von Europa. Dieser erhebliche Unterschied ist in erster Linie, wie bereits früher an anderer Stelle ausgeführt wurde, auf die engmaschigere Erschließung Europas durch die Erdverkehrsmittel und die damit verbundene Drosselung des Luftverkehrsbedarfs zurückzuführen, sowie vor allem auf die größere politische Einheit der Vereinigten Staaten von Amerika, die das Doppelte der kontinentalen Fläche von Europa mit ihrer Zersplitterung in 15 Länder beträgt. Obgleich im Jahr 1950 der innereuropäische Luftverkehr nur ungefähr dreimal so groß ist wie im Jahr 1937, dürfte es zulässig sein, das Verhältnis 1 : 2,6 zwischen dem europäischen und amerikanischen Luftverkehr für eine zukünftige normale wirtschaftliche Entwicklung Europas zugrunde zu legen. Dann ergibt sich, bezogen auf den inneramerikanischen Luftverkehr des Jahres 1950, ein spezifisches Verkehrsbedürfnis für den innereuropäischen Luftverkehr von

Tabelle 4. *Das spezifische Verkehrsbedürfnis im planmäßigen Auslandsluftverkehr Europas und der Vereinigten Staaten von Amerika (USA) im Jahr 1950.*

Verkehrsgebiet	Einwohner Mill.	Abgeflogene Verkehrsmengen			Spezifisches Verkehrsbedürfnis. Auf 1000 Einwohner entfallen jährlich		
		Personen 1000	Fracht 1000 t	Post 1000 t	Personen	Fracht kg	Post kg
1	2	3	4	5	6	7	8
1. Europa (ohne osteuropäische Länder)	256	550	14,5	6,2	2,1	57	24
2. USA	150	960	25,0	9,0	6,4	170	60

Quellen: Europaverkehr: Betriebsstatistik der Mitglieder der „International Air Transport Association" (IATA) für 1950,
Statistik Nr. 15 der „International Civil Aviation Organisation" (ICAO) 1950,
USA-Verkehr: „Recurrent Reports of Mileage and Traffic Data 1950" des Civil Aeronautics Board (CAB), Washington.

$$\frac{106}{2,6} = 40 \text{ Personen je 1000 Einwohner und Jahr,}$$

$$\frac{1050}{2,6} = 400 \text{ kg je 1000 Einwohner und Jahr für Fracht,}$$

$$\frac{410}{2,6} = 160 \text{ kg je 1000 Einwohner und Jahr für Post.}$$

Die Tatsache, daß gemäß Tab. 3 diese Zahlen im Jahr 1950 nur zu einem Viertel bzw. einem Drittel erreicht wurden, kennzeichnet die Größe der Gleichgewichtsstörungen im europäischen Wirtschaftsleben und vor allem die negative Wirkung der zahlreichen politischen Ländergrenzen mit ihren Paß- und Devisenschwierigkeiten für die Mobilisierung eines stärkeren Luftverkehrsbedarfs. Es dürfte wohl noch mindestens 5—6 Jahre dauern, bis die oben errechneten Grundgrößen des spezifischen Verkehrsbedürfnisses im innereuropäischen Luftverkehr erreicht sind.

Der Innenluftverkehr von Europa wird überlagert vom Auslands- oder Weltluftverkehr Europas, dessen spezifisches Luftverkehrsbedürfnis gemäß Tab. 4 im Jahr 1950 ungefähr ein Drittel desjenigen des Auslandsluftverkehrs der Vereinigten Staaten von Amerika und ungefähr ein Fünftel des inneren Luftverkehrs Europas betrug.

Das spezifische Verkehrsbedürfnis im Auslandsluftverkehr Europas stand im Jahr 1950 bei

2,1 Personen je 1000 Einwohner und Jahr,
57,0 kg je 1000 Einwohner und Jahr für Fracht,
24,0 kg je 1000 Einwohner und Jahr für Post.

Diese Zahlen liegen im Verhältnis 1 : 2,8 zu dem Auslandsluftverkehr der Vereinigten Staaten von Amerika, so daß ein Nachhinken wie im innereuropäischen Luftverkehr nicht vorliegt. Diese

Tatsache dürfte die angeführten Gründe für das Zurückbleiben des innereuropäischen Luftverkehrs um so mehr erhärten, als im Weltluftverkehr für die europäischen Länder gleiche Bedingungen politischer und wirtschaftlicher Art vorhanden sind wie in den Vereinigten Staaten von Amerika.

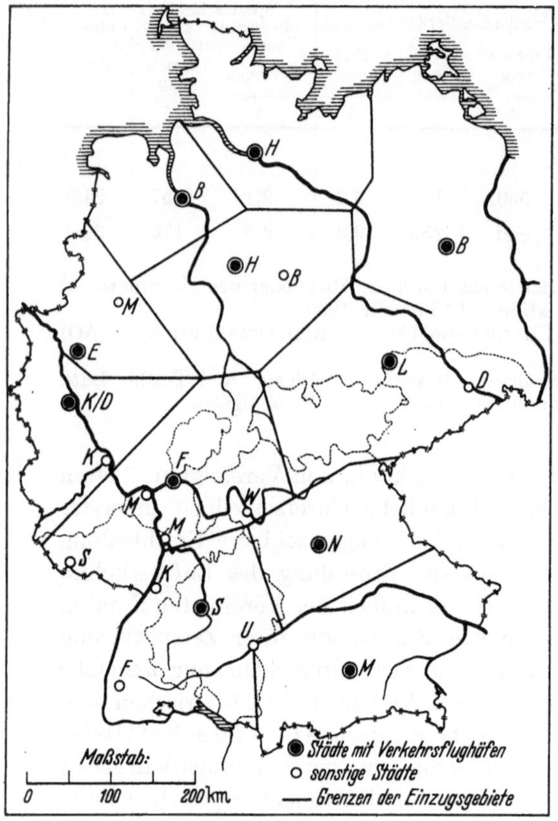

Das spezifische Verkehrsbedürfnis des inneren und Auslandsluftverkehrs umfaßt zusammen das **maßgebende spezifische Verkehrsbedürfnis**, das mit den Einwohnern des zum Flughafen gehörenden Einzugsgebiets multipliziert werden muß, um die **voraussichtlichen Verkehrsmengen** des Flughafens im Abflug im Jahr zu erhalten. Das führt zu der Frage, auf welche Weise das Einzugsgebiet des Flughafens festzustellen ist, um die Zahl der in ihm wohnenden Einwohner zu ermitteln.

Das Einzugsgebiet eines Flughafens wird einmal bestimmt durch seine Netzlage zu den benachbarten Flughäfen und zweitens charakterisiert durch die Entfernung der für den Luftverkehr wichtigsten Siedlungen von dem Flughafen.

Zu jedem Flughafen gehört im Landes- und kontinentalen Netz ein **allgemeines Einzugsgebiet**, das begrenzt wird durch die halben Abstände des Flughafens von den benachbarten Flughäfen des Luftverkehrsnetzes. Abb. 2 zeigt die Bedeutung des Einzugsgebietes der Flughäfen im Bereich der deutschen Bundesrepublik.

Die in einem Einzugsgebiet vorhandenen Einwohner werden um so mehr Träger eines Luftverkehrsbedarfs sein, je näher sie beim Flughafen wohnen oder, mit anderen Worten, je unmittelbarer sie an das große Luftverkehrsnetz angeschlossen sind. Im kontinentalen Luftverkehr Europas mit seiner durchschnittlichen Reiseweite von 500 km ist gemäß Abb. 3 ein 2,5facher Zeitvorsprung im Luftverkehr gegenüber dem Eisenbahn- und Straßenverkehr vorhanden in einem Umkreis von 50 km Halbmesser und dem Flughafen als Mittelpunkt. In Abb. 3 ist davon ausgegangen, daß im Vergleich zum Eisenbahn- und Straßenverkehr zwischen dem Zentrum von zwei Großstädten der Luftverkehr mit einer Zu- und Abfahrtszeit zwischen Großstadt und Flughafen belastet ist. Würde der Flughafen im Stadtzentrum liegen, so würde die Zu- und Abfahrtszeit = 0 und das Vorsprungsmaß des Luftverkehrs

$$\frac{10\ \text{Std.}}{2\ \text{Std.}} = 5 \quad \text{sein.}$$

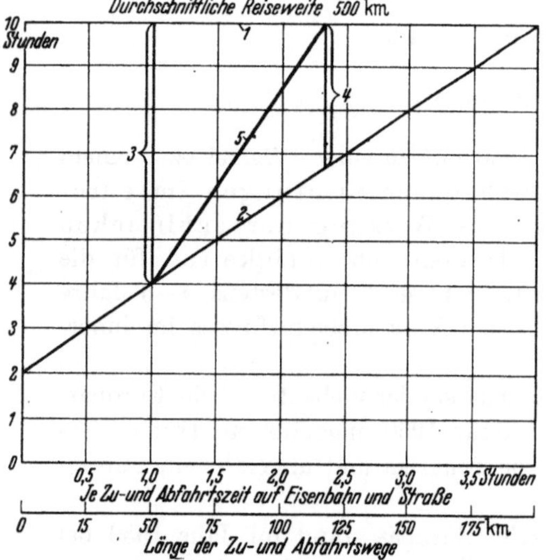

Abb. 2. Allgemeines Einzugsgebiet der wichtigsten deutschen Verkehrsflughäfen.

Abb. 3. Die Gliederung des Einzugsgebiets eines Flughafens in Abhängigkeit von der Zu- und Abfahrtszeit auf Eisenbahn und Straße im kontinentalen Verkehr Europas. (1) Reisezeit auf Eisenbahn und Straße ($v_r = 50$ km/h) (2) Reisezeit im Luftverkehr ($v_r = 250$ km/h) (3) Vorsprungsmaß 2,5 für normalen Anreiz (4) Vorsprungsmaß 1,5 ohne Anreiz (5) Anreiz zwischen Vorsprungsmaß 2,5 und 1,5.

Liegt dagegen der Flughafen am Abgangs- und Zielort je 1 Std. Fahrzeit vom Stadtzentrum entfernt, so ist das Vorsprungsmaß

$$\frac{10 \text{ Std.}}{(2 + 2 \times 1)\text{Std.}} = \frac{10}{4} = 2{,}5.$$

Dieser Zusammenhang ist aus Abb. 3 ersichtlich, wobei noch darauf hingewiesen sei, daß der Punkt 0 das Stadtzentrum bedeutet und von dort in ½ Std. auf der Eisenbahn oder Straße 15 km zurückgelegt werden können. Ab 1 Std. je Zu- und Abfahrtszeit wurde der Einfachheit halber mit 50 km/h Reisegeschwindigkeit zu Lande gerechnet.

Bei dem Vorsprungsmaß 2,5 liegt eine wichtige Grenze für den Luftverkehrsbedarf. Wird es unterschritten, so nimmt der Verkehrsbedarf ab und kann bei dem Vorsprungsmaß 1,5 gleich 0 angenommen werden. In Abb. 3 gibt daher die Anreizlinie 5, die zwischen dem Vorsprungsmaß 2,5 und 1,5 gezogen ist, einen Anhalt für das Abklingen des Luftverkehrsbedarfs und damit für die Einführung eines Reduktionsfaktors für die im Bereich der Anreizlinie wohnenden Einwohner.

Der Umkreis von 50 km Halbmesser um den Flughafen, bei dem noch ein Vorsprungsmaß von 2,5 vorliegt, soll als engeres Einzugsgebiet bezeichnet werden. Über dieses Gebiet hinaus sinkt das Verkehrsbedürfnis ab, und zwar unter Auswertung der Abb. 3 auf ein Drittel im Kreisring von 50 bis 100 km Halbmesser und auf ein Zehntel über 100 km hinaus. Das über das engere Einzugsgebiet hinausgehende Einzugsgebiet des Flughafens soll als weiteres Einzugsgebiet bezeichnet werden. Es wird nach außen begrenzt durch die halben Abstände des Flughafens zu

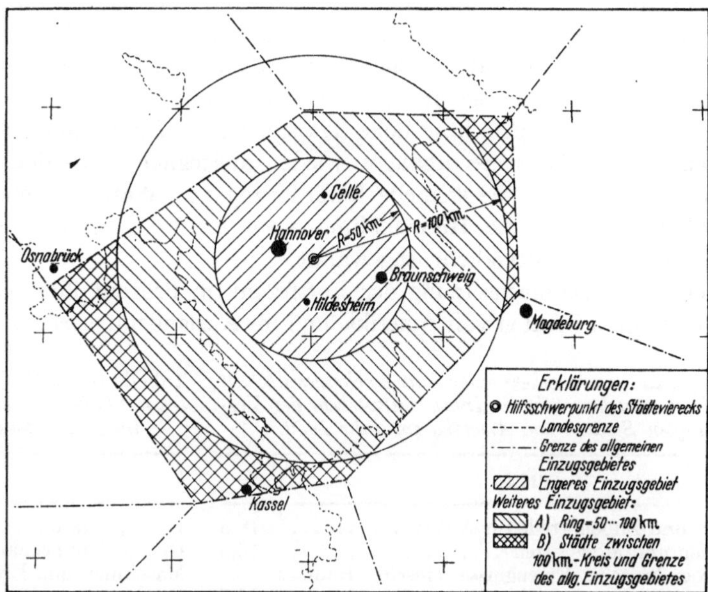

Abb. 4. Die Gliederung des allgemeinen Einzugsgebiets des Flughafens Niedersachsen nach engerem und weiterem Einzugsgebiet.

den Nachbarflughäfen oder das allgemeine Einzugsgebiet (Abb. 4). Unter Berücksichtigung dieser Gliederung des allgemeinen Einzugsgebiets wird zur Ermittlung der für den Flughafen zu erwartenden Luftverkehrsmengen im engeren Einzugsgebiet die Zahl der Einwohner ganz, in der ersten Stufe des weiteren Einzugsgebiets zu einem Drittel, und in der zweiten Stufe zu einem Zehntel der Einwohner dieser Stufen mit dem allgemeinen spezifischen Verkehrsbedürfnis zu multiplizieren sein.

Das Einzugsgebiet im Landes- und kontinentalen Verkehr wird durch das weltweite Einzugsgebiet des interkontinentalen Luftverkehrs in all den Fällen überlagert, in denen der Flughafen Weltluftverkehrscharakter hat. Der Zusatzverkehr, der für seine Weltluftverkehrsaufgabe zu erwarten ist, ergibt sich aus seinem Einzugsgebiet, das die großräumige Nachbarschaft zu anderen Weltluftverkehrshäfen ihm zuweist, und dem spezifischen Verkehrsbedürfnis für den Auslandsluftverkehr des betreffenden kontinentalen Gebietes.

Es empfiehlt sich, die auf diese Weise mit Hilfe des spezifischen Verkehrsbedürfnisses im Personen-, Fracht- und Postverkehr ermittelten Verkehrsmengen durch Sondererhebungen über die wirtschaftliche Struktur und den Verkehrscharakter der erdgebundenen Verkehrsmittel nachzuprüfen. Als Unterlagen kommen hierzu im Personenverkehr der internationale Reisezugverkehr und der Fremdenverkehr in Frage. Zu den übrigen für den Luftverkehr wichtigen

Merkmalen des Verkehrsbedarfswertes der Fracht und Post ist zunächst für die Fracht noch zu bemerken: Hoch- und eilwertige Fracht oder Güter von einem hohen Kosten- und Eilwert werden die verhältnismäßig hohen Transportkosten im Luftfrachtverkehr, die zwischen 40 und 80 Pfg./tkm liegen, in erster Linie tragen können. Nach den bisherigen Erfahrungen[1] werden sich in Abhängigkeit von der Transportweite dem Luftverkehr zuwenden Güter mit einem Verkaufswert von mindestens

40 bis 50 Mark/kg auf kontinentalen Entfernungen in verkehrlich gut erschlossenen Gebieten,
20 bis 40 Mark/kg auf kontinentalen Entfernungen in verkehrlich weniger gut erschlossenen Gebieten,
80 bis 100 Mark/kg auf interkontinentalen Entfernungen.

Gebiete mit besonders hochwertiger Fertigwarenfabrikation werden den Anschluß an den Luftverkehr suchen. Zum Vergleich sei erwähnt, daß der Verkaufswert der als Eisenbahnexpreßgut beförderten Waren bei durchschnittlich 3 Mark/kg liegt.

Einen besonderen Inhalt hat der Eilwert eines Gutes durch den Luftverkehr erhalten. Leicht verderbliche Güter, wie Blumen, Lebensmittel, gehören auf Grund ihrer geringen natürlichen Transportfähigkeit zu den eilwertigen Gütern. Darüber hinaus werden Maschinenersatzteile, die vielleicht als Fabrikat durchaus nicht hochwertig zu sein brauchen, deren Fehlen aber einen kostspieligen Produktionsvorgang vollständig lahmlegen kann, einen besonders hohen Eilwert besitzen, für dessen Erfüllung hohe Transportkosten übernommen und durch schnelleres Ingangbringen des Produktionsvorganges wieder ausgeglichen werden können. Auf dem Gebiet des Werbungsdienstes ist die schnelle Beförderung von Warenproben als Muster ohne Wert vielfach ausschlaggebend für die Hereinnahme eines Auftrages und daher infolge des hohen Eilwertes der Fracht dem Luftverkehr zugewandt.

Über die Zusammensetzung der Luftfracht in Prozent ihres Gewichtes im Inlandsluftverkehr der Vereinigten Staaten von Amerika und im Auslandsluftverkehr Europas geben die Tab. 5 und 6

Tabelle 5. *Luftfrachtverkehr einer Luftverkehrsgesellschaft mit reinem Frachtverkehr im Inlandsluftverkehr der Vereinigten Staaten von Amerika im Jahr 1950.*

Güterart	%
Ersatz- und Zubehörteile für Autos	18,3
Textilien und Modewaren	16,9
Elektrotechnische Erzeugnisse einschl. Radioapparate	14,2
Blumen	7,0
Medikamente und sonstige chemische Erzeugnisse	6,2
Maschinen	5,1
Urkunden, Bücher, Zeitschriften	3,6
Flugzeugteile	2,8
Medizinische Instrumente	2,1
Dienstfracht	3,0
Sonstige Sendungen	20,8
	100,0

Tabelle 6. *Luftfrachtverkehr von Luftverkehrsgesellschaften mit kombiniertem Personen-, Fracht- und Postverkehr im Auslandsluftverkehr Europas im Jahr 1950*

Güterart	%
Fotoapparate	17,0
Optik, Feinmechanik	14,0
Maschinen und Ersatzteile	12,1
Werkzeuge und Stahlwaren	10,4
Medizin und Pharmazie	8,2
Glas- und Porzellanwaren	6,9
Elektrotechnische Erzeugnisse	6,5
Edelsteine, Schmuck	4,5
Textilien	3,9
Chemische Erzeugnisse, Farben	3,7
Prospekte, Zeitungen	2,1
Sonstiges	10,7
	100,0

näheren Aufschluß. Die Analyse zeigt in ihren wichtigsten Luftfrachtgütern keine grundsätzlichen Unterschiede, doch ist festzustellen, daß die wirtschaftliche Struktur des vom Luftfrachtverkehr bedienten Gebietes die Art und den Umfang der Luftfrachtgüter bis zu einem gewissen Grad bestimmt. Der Transport von Ersatzteilen ist im Einheitswirtschaftsgebiet der Vereinigten Staaten von Amerika wesentlich größer als im europäischen Auslandsluftverkehr, in dem die hochwertigen Fertigfabrikate vorherrschen und den Bedarf im Luftfrachtverkehr bestimmen. Andererseits kann ein erheblicher Unterschied in dem Mengenverhältnis von Export und Import eines Landes an

---

[1] Zahnd, Roger: Stand und Entwicklungsfragen des Luftgüterverkehrs 1948, Dissertation, Universität Bern, 1950. — Dr.-Ing. Tomasino, Salvatore: Gli imballaggi per il trasporto aero. Centro per lo sviluppo del trasporti aerei (Zentrale für die Entwicklung des Luftverkehrs), Rom, Via S. Maria in Via, 37, Juni 1951. — Eichler-Röhm: Luftfrachtweltverkehr und westdeutscher Export, Heft 17 der Verkehrswissenschaftlichen Veröffentlichungen des Ministeriums für Wirtschaft und Verkehr, Nordrhein-Westfalen, Düsseldorf, 1951.

hochwertigen Luftfrachtgütern vorliegen, der eine mehr oder weniger starke Unpaarigkeit in den Frachtströmen nach und aus einem Land verursacht. So weist beispielsweise Großbritannien im Frachtluftverkehr einen nahezu gleichen Export und Import an Gütermengen auf, während im Luftfrachtgeschäft der Deutschen Bundesrepublik der Export wesentlich den Import überwiegt. Die wirtschaftliche Struktur der Länder und ihrer einzelnen Wirtschaftsräume wird die Voraussetzungen bieten, die verkehrswirtschaftlich im Luftfrachtverkehr beachtet werden müssen.

Der Postverkehr kann verhältnismäßig leicht auf Grund der Dispositionen der Postverwaltung vorausberechnet werden. Der eilwertige Brief- und Drucksachenverkehr steht im Vordergrund des Verkehrsbedarfs, während der Paketverkehr ähnlichen Voraussetzungen wie der Frachtverkehr gerecht werden muß, wenn für ihn der Luftverkehr sich lohnen soll. Ganz allgemein gibt das auf ein bestimmtes Gebiet bezogene spezifische Verkehrsbedürfnis an Briefpost je Einwohner und Jahr einen wertvollen Anhalt für die auf einem Flughafen zu erwartenden Postmengen. Zu ihnen wird unter Umständen noch ein besonderer Umschlagverkehr an Post treten.

5. Die Raumlage des Flughafens und das Problem des Zentralflughafens.

Soll für eine Großstadt oder für mehrere einander benachbarte Großstädte die Raumlage des zu ihnen gehörenden Flughafens geplant werden, so werden für die richtige Wahl zwei Grundforderungen entscheidend sein:

a) Möglichste Nähe am Schwerpunkt des Verkehrsbedarfs,
b) Auswahl eines für die Hindernisfreiheit und die Baukosten möglichst geeigneten Geländes.

Die Erfüllung der beiden Forderungen wird um so schwieriger sein, wenn mehrere Großstädte auf verhältnismäßig kleinem Raum zusammenliegen und das Problem eines Zentralflughafens brennend wird.

An einem konkreten Beispiel soll die zweckmäßige Lösung dieses Problems dargelegt werden, und zwar für den Kontinentalflughafen Niedersachsen, in dessen Einzugsgebiet die beiden Großstädte Hannover mit 442 000 Einwohnern und 55 km Luftlinie von ihm entfernt Braunschweig mit 223 000 Einwohnern liegen, die beide bemüht sind, den Flughafen möglichst nahe an sich heranzuziehen. An dieser Stelle soll jedoch nur die erste Grundforderung, möglichst nahe an den Schwerpunkt des Verkehrsbedarfs heranzugehen, untersucht werden, während die zweite Grundforderung als zur technischen Planung gehörig in dem zweiten Artikel des Heftes behandelt wird.

Für die Ermittlung der Schwerpunktlage des Luftverkehrsbedarfs im Bereich von Großstädten, die für einen Flughafen in Frage kommen, wird von der Gliederung des allgemeinen Einzugsgebietes in ein engeres und weiteres Einzugsgebiet auszugehen sein. Es empfiehlt sich jedoch, mit Rücksicht auf den sehr bescheidenen Anteil des platten Landes am Luftverkehr, die Einwohner als Repräsentanten für den Reiseverkehr, das Expreßgut und den luftverkehrsgünstigen Export sowie die Post nur bei Städten von mehr als 10 000 Einwohnern als im Raum wirksame Kräfte einzusetzen, im weiteren Einzugsgebiet auf ein Drittel bzw. ein Zehntel zu reduzieren und danach die Schwerpunkte für den Reise-, Fracht- und Postverkehr zu konstruieren. Im Bereich dieser Schwerpunkte sollte der Flughafen seinen Platz finden, wenn im übrigen die Gelände- und Siedlungsverhältnisse sowie die Entfernung von der wichtigsten Großstadt es zulassen. Sollte das nicht der Fall sein, so geben die Schwerpunkte einen unentbehrlichen Anhalt, nach welcher Richtung eine Seitenlage zum Schwerpunktsbereich zweckmäßig werden kann.

Auf das Beispiel des Flughafens Niedersachsen bezogen, wurde zur Feststellung des Einzugsgebiets eines Zentralflughafens ein Hilfsmittelpunkt für das engere und weitere Einzugsgebiet festgelegt. Zu diesem Zweck wurde davon ausgegangen, daß das Kerngebiet des Luftverkehrsbedarfs von Niedersachsen von dem Städteviereck Hannover—Hildesheim—Braunschweig—Celle—Hannover gebildet wird (Abb. 4). Sein Verkehrsschwerpunkt auf der Grundlage der Einwohnerzahlen der vier Städte wird der ungefähren Lage des neuen Zentralflughafens vom Standpunkt des Verkehrsbedarfs entsprechen. Auf ihn als Mittelpunkt werden daher zweckmäßig alle Einzugsgebiete bezogen, die für den Flughafen Niedersachsen von praktischer Bedeutung sind. Es ist das einmal das engere Einzugsgebiet mit 50 km Halbmesser um den Hilfsschwerpunkt und zweitens das weitere Einzugsgebiet zwischen der Peripherie des 50-km-Kreises und dem allgemeinen Einzugsgebiet, jedoch unterteilt nach Zonen 50—100 km Halbmesser und über 100 km Halbmesser. Die Abb. 4 veranschaulicht diese Zusammenhänge und die Grundlagen für die Ermittlung der einzelnen Verkehrsschwerpunkte im Personen-, Fracht- und Postverkehr, die für den Luftverkehr wichtig sind.

Es ist bereits darauf hingewiesen worden, daß es sich empfiehlt, als Träger für die Ermittlung der Schwerpunkte des Luftverkehrsbedarfs nur die Orte von 10 000 Einwohnern und mehr einzusetzen, da das platte Land kaum ein Bedürfnis für den Luftverkehr besitzt. Für diese Orte wurden, soweit sie im allgemeinen Einzugsgebiet des Flughafens Niedersachsen liegen, als für den Luftverkehr wichtige Erscheinungen mengenmäßig und maßstäblich in einer Karte eingetragen:

     a) die Einwohner als Grundlage für den Reiseverkehr,
     b) der Export im ganzen als Grundlage für den Reise- und Postverkehr,
     c) das Expreßgut der Eisenbahn als Grundlage für den Frachtverkehr,
     d) der Export, gewogen nach luftverkehrsgünstigen Exportzweigen, als Grundlage für den Frachtverkehr,
     e) der Paketverkehr als Grundlage für den Fracht- und Postverkehr,
     f) der Briefverkehr als Grundlage für den Postverkehr.

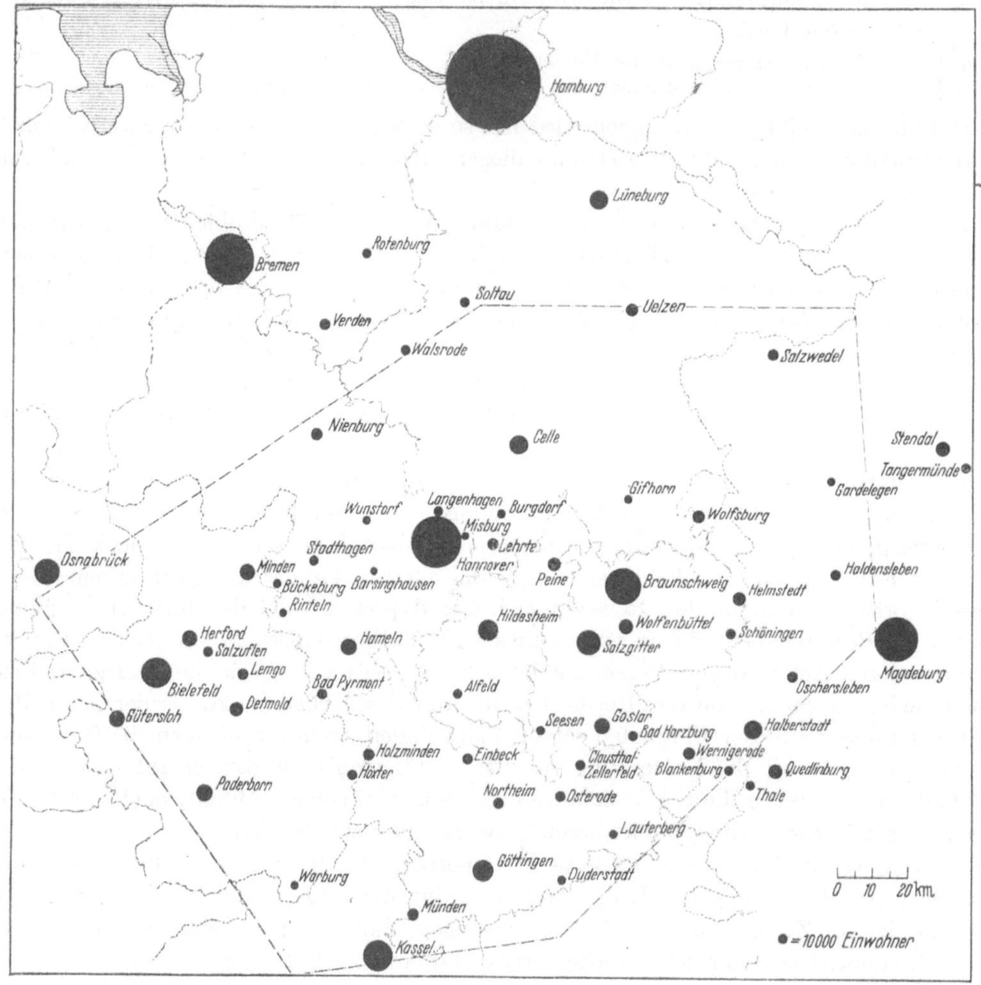

. Abb. 5. Bevölkerungsverteilung nach Orten von 10 000 Einwohnern und mehr.

Die Mengen zu a) bis f) sind im Raum verteilte Kräfte, zu denen jedesmal auf graphischem Wege nach dem Prinzip des Kraftdiagramms der Schwerpunkt ermittelt wird. Es ist jedoch zu beachten, daß entsprechend den Ausführungen zu Abschn. 4, S. 11, bei dieser Ermittlung nur im engeren Einzugsgebiet die Mengen als Kräfte ganz anzusetzen sind, dagegen im weiteren Einzugsgebiet 50—100 km nur zu einem Drittel, über 100 km hinaus nur zu einem Zehntel.

Es war nicht für alle für den Luftverkehr wichtigen Erscheinungen möglich, die statistischen Zahlen für das gesamte allgemeine Einzugsgebiet zu erhalten, vor allem nicht für den Export und die Post der in der russischen Zone liegenden Ortschaften des Einzugsgebiets. Um für diesen Fall keine einseitige Benachteiligung des Braunschweiger Raumes entstehen zu lassen, wurde östlich und westlich des Hilfsmittelpunktes das weitere Einzugsgebiet nach der Entfernung des Hilfsmittelpunkts von der russischen Zonengrenze bemessen. Ähnlich wurde vorgegangen, wenn die Reichweite der statistischen Zahlen nicht in gleicher Entfernung vom Hilfsmittelpunkt für die Ortschaften vorlag. Auch hier wurde die kleinste Reichweite für alle Seiten um den Hilfsmittelpunkt zugrunde gelegt.

Im einzelnen ist zur Bestimmung der Schwerpunkte noch folgendes zu bemerken, mit der Maßgabe, daß nur einige typische Schwerpunktsermittlungen als Abbildungen beigefügt sind.

Zur Feststellung des Einwohnerschwerpunkts als Grundlage für den Personenverkehr (Abb. 5 und 6) könnte eingewandt werden, daß die gleiche Behandlung der Einwohner als Träger des Verkehrsbedarfs in den Orten von 10 000 Einwohnern und mehr für die Ermittlung des Verkehrsbedarfsschwerpunktes im Reiseverkehr nur zulässig ist, wenn ungefähr die gleiche Wirtschaftsstruktur in den Orten vorliegt, und zwar eine Wirtschaftsstruktur, die für den Luftverkehr

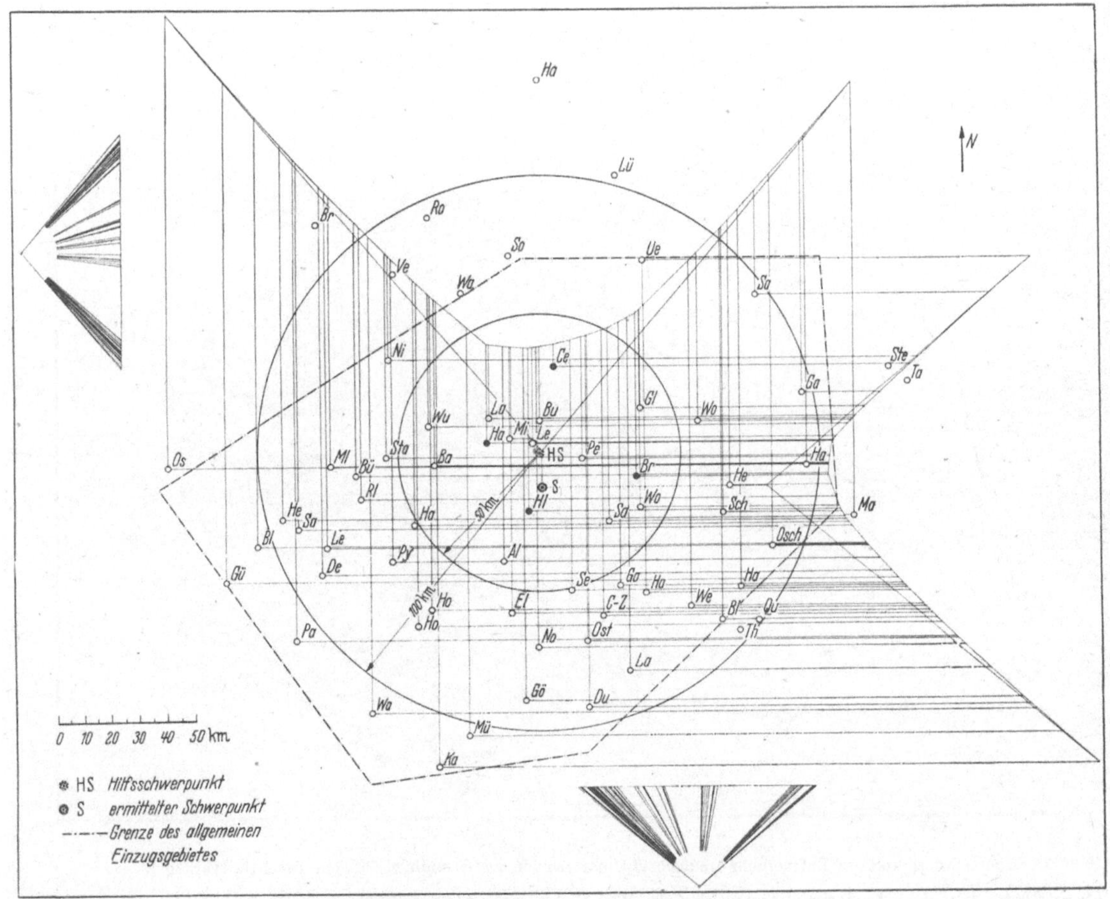

Abb. 6. Schwerpunktslage des Verkehrsbedarfs im Luftverkehr im engeren und weiteren Einzugsgebiet nach Einwohnern als Grundlage für den Personenverkehr.

von besonderer Bedeutung ist. In der Tat trifft dies für den Raum Niedersachsen oder sein allgemeines Einzugsgebiet zu. Seine Siedlungen sind in gleicher Weise angewiesen auf hochwertige industrielle Produktion und auf den Bezug von Rohstoffen aus entfernten Gebieten. Eine Untersuchung des Verhältnisses der in der Industrie beschäftigten Berufstätigen zu der Einwohnerzahl der Orte hat ergeben, daß dieses Verhältnis bei den wichtigsten Orten allgemein bei 10% liegt. Es kann daher von einer gewissen Gleichmäßigkeit im Willen zum Luftverkehr bei den Einwohnern gesprochen werden und ihre Zahl als gewogener Wert angesehen werden.

Der Export ist wie der Import dem Luftverkehr günstig nach zwei Richtungen. Einmal belebt er im ganzen gesehen den Reise- und Postverkehr, und zweitens liefert er in erster Linie die Fracht. Beides vollzieht sich auf internationaler Ebene. Es empfiehlt sich daher, zunächst unter Zugrundelegung der im Raum vorhandenen Ausfuhr nach ihrem Wert den Schwerpunkt des Exports im ganzen zu ermitteln und später den für den Frachtverkehr wichtigen Schwerpunkt, der sich aus der Ausfuhr der speziell für den Luftverkehr wichtigen Exportwaren ergibt.

Zur Kennzeichnung der räumlichen Verteilung des hoch- und eilwertigen Guts, das in erster Linie für den Luftverkehr im Innern Deutschlands in Frage kommt, bietet das Expreßgut der Eisenbahn eine gute Grundlage. Sein Schwerpunkt wird die Lage des Flughafens Niedersachsen von der Frachtseite her beeinflussen.

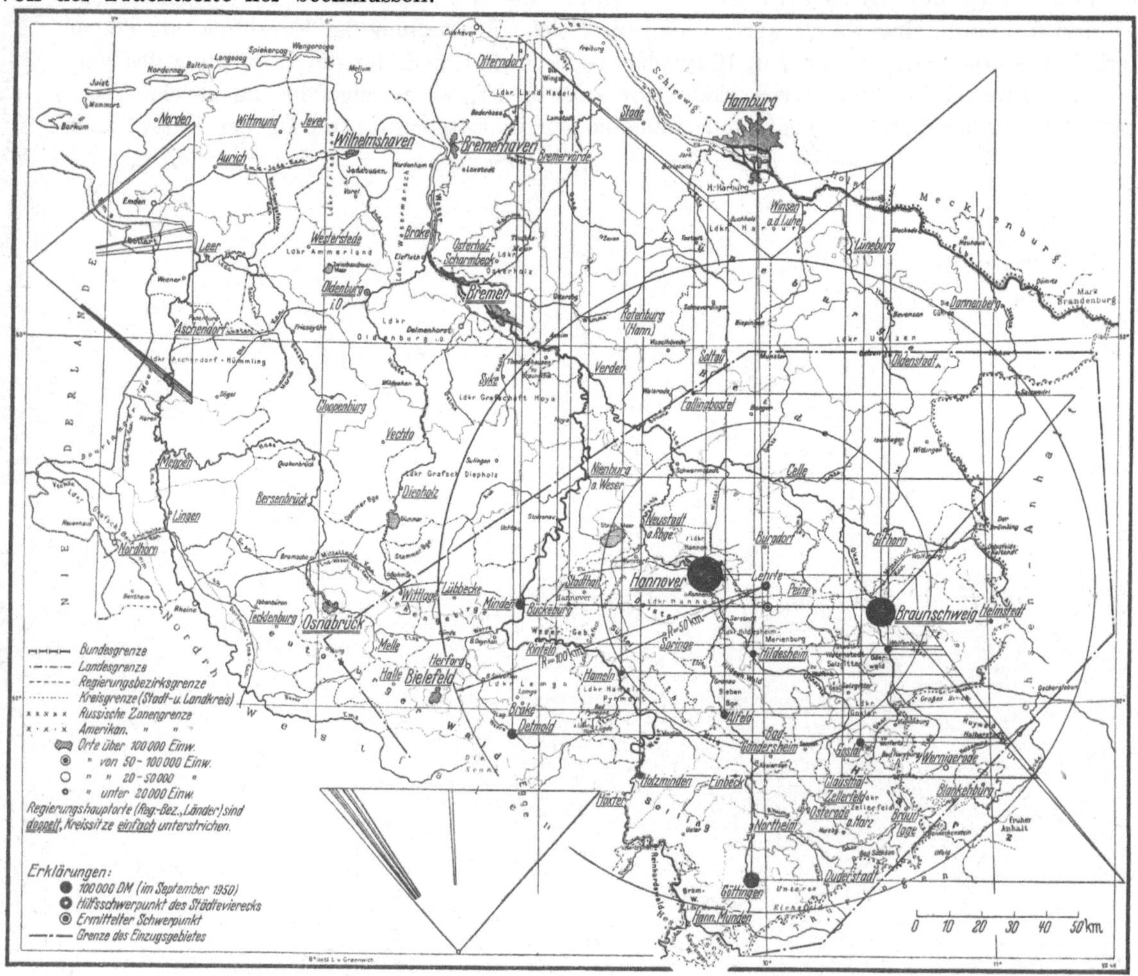

Abb. 7. Exportschwerpunkt im Luftverkehr (reduzierte Umsatzzahlen als Grundlage für den Frachtluftverkehr).

Als Grundlage für den Luftfrachtverkehr ist der Schwerpunkt des Exports, gewogen nach den luftverkehrsgünstigen Exportzweigen gemäß Abb. 7, besonders wichtig. Es ist bereits darauf hingewiesen worden, daß die Bedeutung des Exports für den Frachtverkehr aus der Ausfuhr der speziell für den Luftverkehr wichtigen Exportwaren und ihrer räumlichen Verteilung abgeleitet werden kann. Es ist erklärlich, daß hochwertige Erzeugnisse der Feinmechanik und Optik sich weit stärker dem Luftverkehr zuwenden werden als Erzeugnisse des Stahl- und Eisenbaues oder gar des Bergbaues, die an sich alle an der Ausfuhr beteiligt sind. Es wurde daher für die Ermittlung des gewogenen Schwerpunkts der Ausfuhrumsatz je nach der Wichtigkeit für den Luftverkehr auf Grund der bisherigen Erfahrungen im Luftverkehr auf folgenden Prozentsatz herabgesetzt:

Feinmechanik und Optik	80%	Textil	20%
Chemie und Pharmazeutik	50%	Feinkeramik	20%
Maschinenbau	30%	Eisen- und Metallwaren	10%
Elektrotechnik	30%	Glas- und Glaswaren	10%
Papiererzeugung	20%	Eisen- und Tempergießerei	10%
Gummi- und Asbestwaren	20%	Fahrzeugbau	0%
Lederverarbeitung	20%	Steine und Erden, Bergbau	0%

Der Fahrzeugbau bringt im allgemeinen keine Belebung der Luftverkehrsfracht, da für gängige Kraftwagentypen Vorratslager angelegt werden, die mit Landverkehrsmitteln beliefert werden und keinen Bedarf an Ersatzteilen, die auf dem Luftwege zu befördern sind, haben.

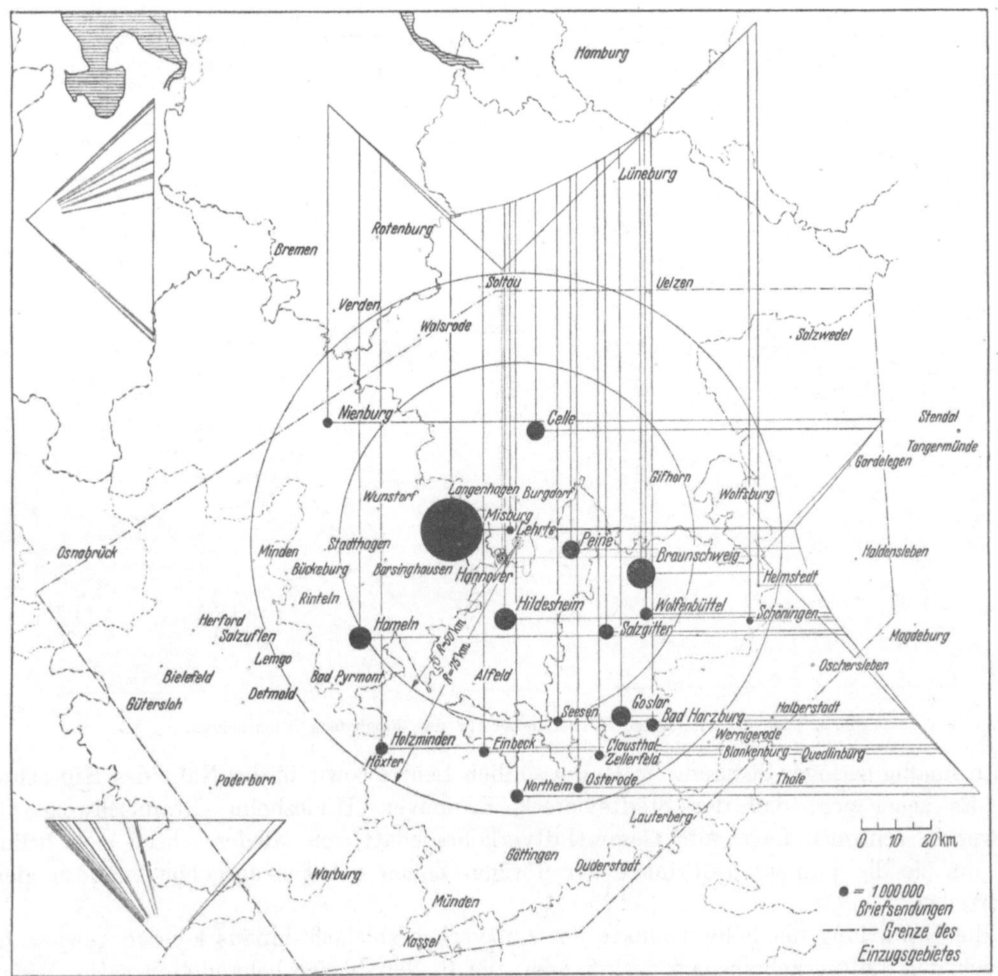

Abb. 8. Schwerpunktlage des Postverkehrs (Briefsendungen).

Der Paketverkehr ist zu der hoch- und eilwertigen Fracht zu rechnen, so daß seine Schwerpunktslage für den Luftfrachtverkehr von Bedeutung ist.

Die Schwerpunktslage des Briefverkehrs als Grundlage für den Postverkehr ist von besonderer Wichtigkeit. In Abb. 8 ist die in den Orten von 10 000 Einwohnern und mehr im Jahr

1949 aufgekommene Briefpost in Stückzahlen zur Schwerpunktsermittlung des Postverkehrs ausgewertet worden.

Im Endergebnis verteilen sich die **Schwerpunkte der Bedarfsträger** a) bis f) im Luftverkehrsraum Niedersachsen nach der in Abb. 9 eingetragenen Weise, wobei ungefähr 65% des Verkehrsbedarfs näher bei Hannover und 35% näher bei Braunschweig liegen. Sie gruppieren sich

Abb. 9. Lage der ermittelten Schwerpunkte für den Flughafen Niedersachsen.

in verhältnismäßig geringer Streuung im Raum südlich Lehrte sowie in der Nähe des Hilfsschwerpunktes. Es zeigt sich, daß das Städteviereck Hannover—Hildesheim—Braunschweig—Celle —Hannover in zentraler Lage zum Gesamtluftverkehrsbedarf von Niedersachsen sich befindet und sich um sie die Verkehrsbedürfnisse der übrigen Zonen des Einzugsgebiets nahezu gleichmäßig verteilen.

Über die Ermittlung der Schwerpunkte des Luftverkehrsbedarfs hinaus können gewisse Umstände noch den Luftverkehrsbedarf beeinflussen, die in den bisher behandelten sechs Bedarfsfaktoren nicht genügend erfaßt werden können. Es ist dies vor allem die Eigenschaft der beiden **Großstädte als Verwaltungsstellen und Mittelpunkte für das Wirtschafts- und Kulturleben.**

Hannover wird als Landeshauptstadt stärkere raumweite Beziehungen zu dem übrigen Deutschland haben als Braunschweig, trotz seiner früheren Bedeutung als Hauptstadt des Landes Braunschweig. Es wird ferner nicht zu bestreiten sein, daß die wirtschaftliche und kulturelle Bedeutung der Stadt Hannover für den Raum Niedersachsen dominierender ist als diejenige von Braunschweig, obgleich dieses in dem letzten Jahrzehnt an wirtschaftlicher Bedeutung gewonnen hat.

In bezug auf den Luftverkehr bedeutet dies allgemein, daß eine Orientierung des Zentralflughafens eher nach Hannover als nach Braunschweig zu vertreten ist.

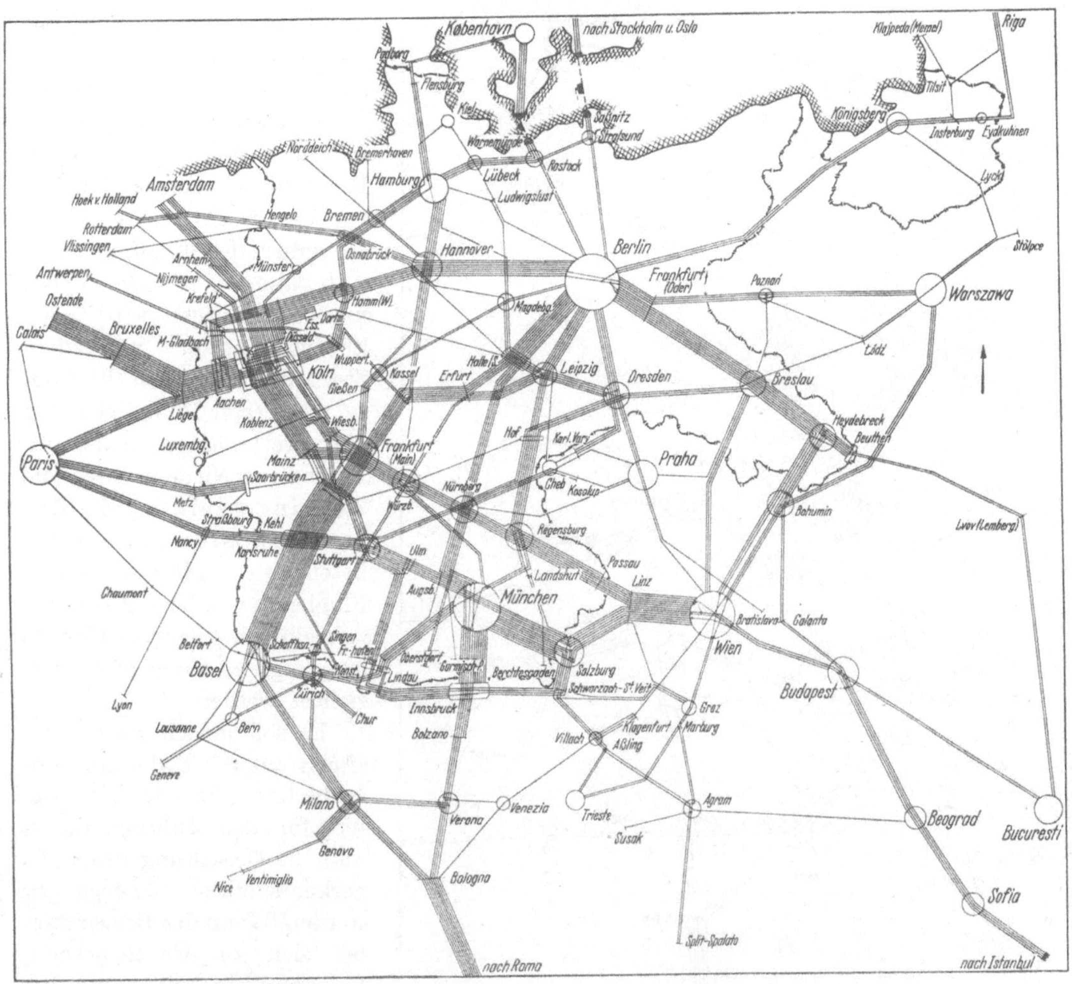

Abb. 10. Internationale Reisezugverbindungen der Deutschen Reichsbahn im Jahre 1939.

Die Raumlage des Flughafens wird nicht isoliert von der möglichst engen und günstigen Zusammenarbeit mit den schnellen Erdverkehrsmitteln beurteilt werden dürfen, deren Aufgabe es ist, schnell und billig den Luftverkehrsbedarf an den Flughafen heranzubringen und von ihm aus zu verteilen. Diese Aufgabe wird von den Ferneisenbahnen am besten zu lösen sein, wenn sich in der Nähe des Flughafens ein bedeutender Knotenpunkt für den nationalen und internationalen Schnellzugsverkehr befindet.

Wie in bezug auf den internationalen Reisezugverkehr hierzu die Lage im Einzugsgebiet des Flughafens Niedersachsen ist, zeigen die Abb. 10 und 11 für das Jahr 1939 bzw. 1951/52. Jede Linie auf den Abbildungen bedeutet ein D-Zug-Paar des internationalen Verkehrs. Sowohl für die Vorkriegszeit wie für die Nachkriegszeit liegt im Eisenbahnknotenpunkt Hannover eindeutig der Bahnhof mit den meisten Zügen des internationalen Verkehrsbereichs von Niedersachsen. Dies trifft sowohl für die Ost-West-Richtung wie für die Nord-Süd-Richtung zu. Die Lage des

Eisenbahnknotenpunktes Hannover westlich von den Schwerpunkten des Verkehrsbedarfs wird diesen eine erhebliche Tendenz nach Westen geben, was bei der endgültigen Wahl des Flughafens zu berücksichtigen ist.

Ähnlich liegen die Verhältnisse, wenn auch bei weitem nicht in so ausgesprochener Form bei der Beziehung des Flughafens zum Fernstraßennetz, vor allem zum Autobahnsystem. Das Kreuz der Ost-West- und Nord-Süd-Autobahnen liegt unmittelbar östlich von Hannover. In der Ost-West-Richtung berührt die Autobahn unmittelbar die Städte Hannover und Braunschweig. In der Nord-Süd-Richtung ist dagegen Hannover bevorzugt angeschlossen. Je näher der Flughafen am Autobahnnetz liegen kann, um so günstiger wird seine Zusammenarbeit mit dem Straßenverkehr sein können.

Als letzter Punkt sind für die zweckmäßige Wahl des Flughafens Niedersachsen die Zubringerzeit und die Zubringerkosten zwischen den beteiligten Städten und dem Flughafen von Bedeutung. Auf ihre einfach gelagerte Ermittlung kann an dieser Stelle verzichtet werden.

Es soll jedoch noch prinzipiell auf die Bedeutung des Hubschraubers oder Helikopters für den Zubringerdienst und die Gestaltung des Luftverkehrsnetzes eingegangen werden. Wenn der Hubschrauber sich zu der Sicherheit, Leistungsfähigkeit und Wirtschaftlichkeit entwickelt haben wird, die von ihm erwartet werden, so wird der Zubringer-

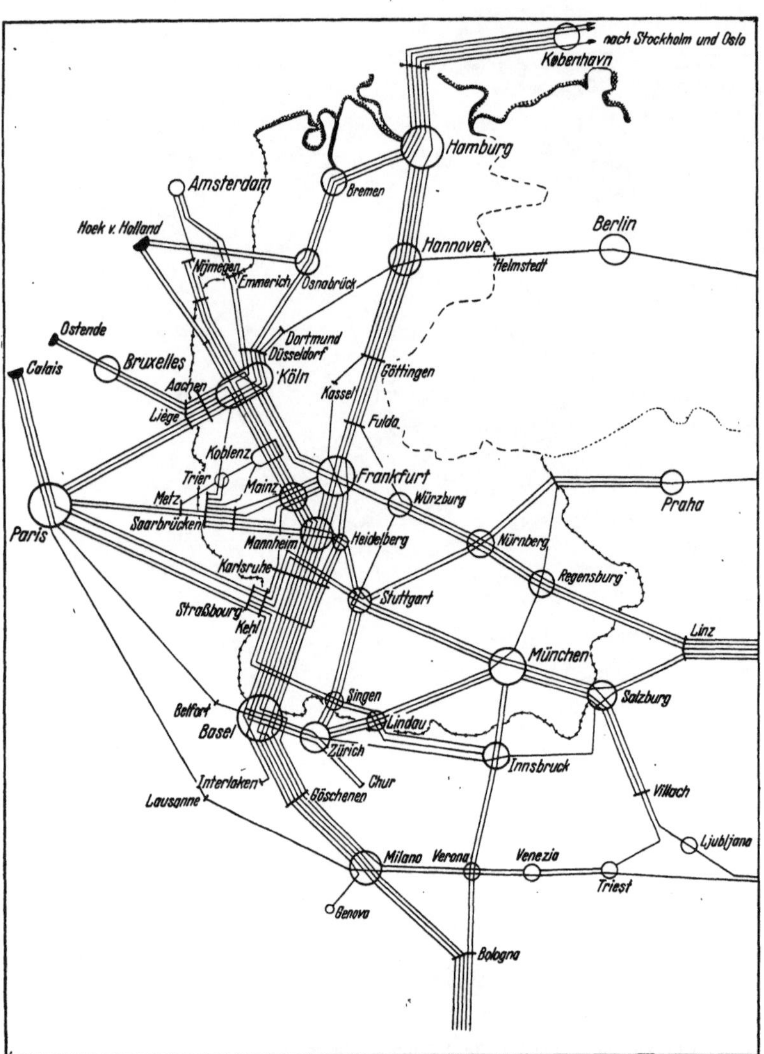

Abb. 11. Internationaler Reisezugverkehr der Deutschen Bundesbahn in den Jahren 1951/52.

dienst zwischen Flughafen und Großstadt und ihrer weiteren Umgebung wesentlich erleichtert werden. Es ergibt sich daraus die Frage, welche Rücksichten heute schon bei der Planung des Luftverkehrsnetzes auf den künftigen Hubschrauberverkehr zu nehmen sind. Die Planung des Luftverkehrsnetzes für normale Flugzeuge wird nach dem Grundsatz eines möglichst weitgehenden Haus-Haus-Verkehrs — dieser naturgemäß im Sinn der Großräumigkeit des Luftverkehrs verstanden — erfolgen müssen, um die große Mehrzahl der Reisenden mit hoher Geschwindigkeit nahe an ihr Ziel zu bringen. Die Darlegungen über die zweckmäßige Gestaltung des europäischen Luftverkehrsnetzes entsprechen diesem Grundsatz. Es kann daher der Schluß gezogen werden, daß die Einrichtung des Hubschrauberverkehrs für spätere Zeiten in keiner Weise durch den Aufbau des heutigen Luftverkehrs erschwert, sondern im Gegenteil unterstützt wird.

Im Endergebnis der Untersuchung ist festzustellen, daß für die am Luftverkehr besonders interessierten Städte Hannover und Braunschweig ein Zentralflughafen im Bereich der Schwerpunkte des Verkehrsbedarfs, also ungefähr in der Umgebung von Lehrte, und zwar südlich oder nördlich dieser Stadt, dem Gewicht der beiden Städte und auch dem Verkehrsbedarf der übrigen Teile des Einzugsgebiets entsprechen würde. Die Entfernung der Stadt Hannover zu diesem Flughafen wäre eben noch tragbar, und die Entfernung der Stadt Braunschweig würde zwar größer sein als die von Hannover, aber sie würde unter Benützung der Autobahn als Zubringer ein noch zulässiges Maß haben.

Eine Verschiebung des Flughafens nach Osten etwa bis Sievershausen oder ungefähr bis zur Mitte des Raumabstands Hannover—Braunschweig würde wohl für Braunschweig eine Verminderung der Entfernung bedeuten, für Hannover aber, als dem größten Träger des Verkehrsbedarfs, von dem 65% des Verkehrsbedarfs ausgehen, für den Luftverkehr erhebliche Nachteile bringen. Andererseits würde eine Verschiebung nach Westen etwa bis Langenhagen, nördlich von Hannover, in erster Linie für den wichtigsten Verkehrsraum Hannover besonders vorteilhaft sein, während sie für den Raum Braunschweig, der aber nur mit 35% des Verkehrsbedarfs beteiligt ist, mit dem Nachteil eines verhältnismäßig großen Anmarschweges belastet ist.

Diese allgemeine Beurteilung der verkehrsgeographischen Lage des Flughafens Niedersachsen zu den Schwerpunkten des Verkehrsbedarfs erfordert eine konkrete Untersuchung, wieweit das Gelände in der näheren und weiteren Umgebung von Lehrte für die Anlage eines Flughafens geeignet ist oder nicht. Hierzu wird im zweiten Artikel des Heftes grundsätzlich Stellung genommen. Als Ergebnis sei vorweggenommen, daß in der Nähe von Lehrte, also im Bereich der Verkehrsschwerpunkte, kein geeignetes Flughafengelände zur Verfügung steht und daß aus verkehrswirtschaftlichen, technischen und finanziellen Gründen der Flughafen Niedersachsen in der Nähe der Stadt Hannover bei Langenhagen Platz finden muß, dessen Entfernung von der Stadtmitte Hannover 10 km beträgt und um so mehr als günstig für den Zubringerdienst angesehen werden kann, als auch sein Anschluß an das großstädtische Verkehrsnetz von Hannover in einfacher Weise zu bewerkstelligen ist.

III. Die Entwicklungslage im europäischen Luftverkehr als Grundlage für die Beurteilung der Möglichkeiten seiner weiteren Ausgestaltung.

Die Bedarfslage des Luftverkehrs im europäischen Raum ist das Fundament und die Voraussetzung für den Aufbau des europäischen Luftverkehrsnetzes und seinen Anschluß an den interkontinentalen oder Weltluftverkehr. Die Möglichkeiten zur Bedienung der Verkehrsbedürfnisse können positiv ausgewertet werden oder aus besonderen Gründen im Negativen steckengeblieben sein. Sowohl die positiven wie die negativen Möglichkeiten können beeinflußt sein durch:

a) die verkehrsgeographische Situation und das Maß der Raumerschließung durch die Erdverkehrsmittel,
b) die politische Gliederung Europas und die Rechtslage im internationalen Luftverkehr,
c) die Organisation der Verkehrsbedienung,
d) die finanziellen Grundlagen.

1. Europa als Verkehrsscheibe im interkontinentalen Luftverkehrsnetz.

Bevor auf die Beurteilung der Faktoren für den innereuropäischen Luftverkehr eingegangen wird, soll die Stellung Europas im interkontinentalen Luftverkehr behandelt werden, für den gleichsam der innere Luftverkehr Europas Quelle und verkehrstechnische Plattform ist. Die Art und Weise, in der der europäische Luftverkehr in den Weltluftverkehr eingefügt ist, wird ihn befruchten oder seine Entwicklung behindern.

Abb. 12 zeigt die dominierende Lage Europas als Verkehrsscheibe im Weltluftverkehrsnetz, gemessen an der Häufigkeit der Verkehrsgelegenheiten oder der Starts in einer Richtung und in einer Woche im Jahre 1950. Kein Erdteil weist einen so ausgeprägten allseitigen Anschluß

an den Weltluftverkehr auf wie der europäische. Er entspricht seiner macht- und wirtschafts-
politischen Bedeutung. Vor allem in wirtschaftspolitischer Hinsicht sind die Häufigkeitsströme

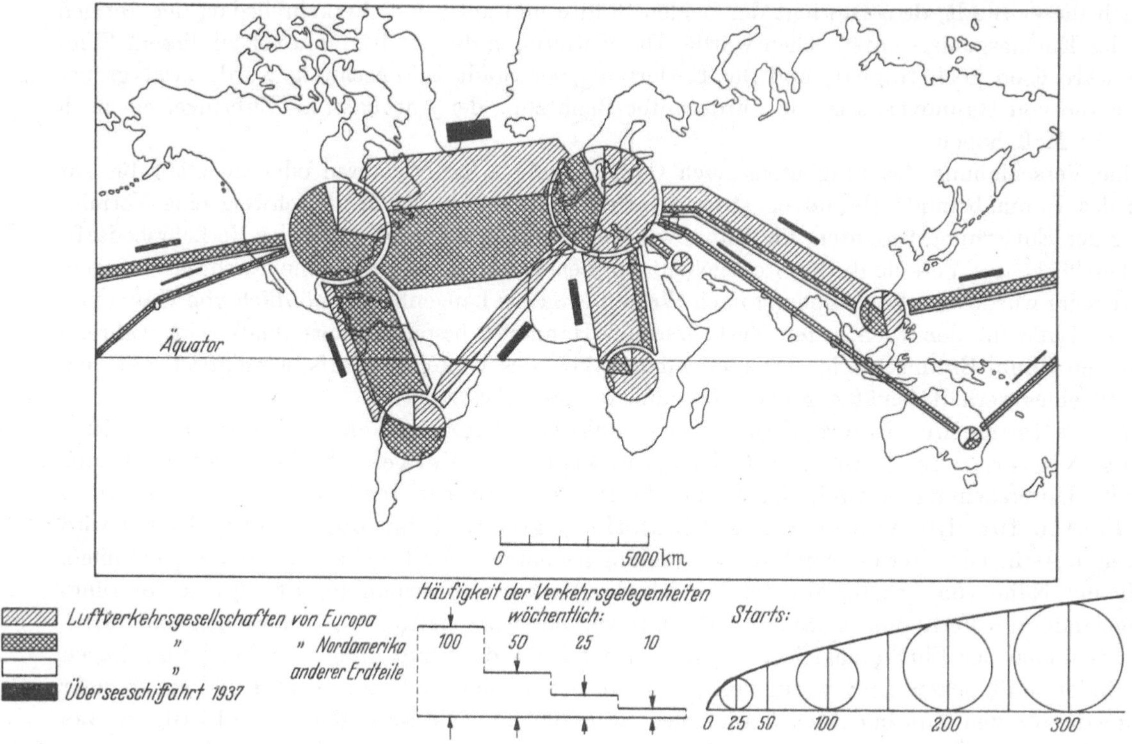

Abb. 12. Häufigkeit der Verkehrsgelegenheiten in einer Richtung und Woche im Weltluftverkehr im Jahre 1950.

das echte Spiegelbild der Verkehrsströme an hochwertigen Gütern und Nachrichten zwischen den
wirtschaftlichen Aktionszentren der Erde, denn auch in ihnen überragt Europa noch immer jeden
einzelnen der anderen Erdteile.

Tabelle 7. *Analyse der Häufigkeit der Verkehrsgelegenheiten im Weltluftverkehr in einer Richtung und Woche nach Luftverkehrsgesellschaften
im Jahre 1950.*

Verkehrsgebiet	Anzahl der Starts in einer Woche		in Prozent	
	insgesamt	davon über den Nordatlantik	zu Spalte 2	zu Spalte 3
1	2	3	4	5
I. Europa im ganzen	291	147		
davon entfallen auf				
1. europäische Gesellschaften	156	58	54	40
2. nordamerikanische Gesellschaften	110	89	38	60
3. Gesellschaften anderer Erdteile	25	—	8	—
			100	100
II. Nordamerika im ganzen ...	242	147		
davon entfallen auf				
1. europäische Gesellschaften	68	58	28	40
2. nordamerikanische Gesellschaften	162	89	67	60
3. Gesellschaften anderer Erdteile	12	—	5	—
			100	100

Während somit vom Standpunkt der Größe und der räumlichen Verteilung des Verkehrsbedarfs Europa günstig an das Luftverkehrsnetz angeschlossen ist, sehen sich die europäischen Luftverkehrsgesellschaften einem starken Wettbewerb der von anderen Erdteilen aus arbeitenden Gesellschaften, vor allem den nordamerikanischen, gegenüber. Wie aus Tab. 7 und Abb. 12 ersichtlich ist, überwiegt zwar die Bedienung der Weltluftverkehrsscheibe Europa durch europäische Gesellschaften diejenige aller übrigen Gesellschaften, aber in der Verbindung der wichtigsten Erdteile Europa—Nordamerika über den Nordatlantik sind die amerikanischen Gesellschaften verhältnismäßig stärker am europäischen Verkehr beteiligt als die europäischen Gesellschaften. Die Größe dieses einzigartigen Wettbewerbsproblems im Nordatlantikluftverkehr wird unterstrichen durch den Vorsprung, den die amerikanische Fabrikation von Verkehrsflugzeugen gegenüber Europa besitzt und letzteres noch auf lange Sicht von dem amerikanischen Flugzeugmarkt abhängig machen wird. Gewiß können sich die europäischen Gesellschaften durch die bevorzugte Bedienung der übrigen Erdteile einen Ausgleich verschaffen, aber es bleibt die Tatsache bestehen, daß über dem Nordatlantik Europa in die Defensive gedrängt ist. Diese vom Standpunkt des Verkehrsbedarfs nicht ganz organische Beteiligung Europas am Nordatlantikluftverkehr gewinnt noch an Bedeutung, wenn festgestellt wird, daß im innereuropäischen Verkehr sich ebenfalls amerikanische Gesellschaften betätigen können, während die europäischen Gesellschaften vom Innenverkehr der Vereinigten Staaten von Amerika ausgeschlossen sind. Das leitet über zu der Entwicklungslage des innereuropäischen Luftverkehrs als Grundlage für die Beurteilung der Möglichkeiten seiner Ausgestaltung.

2. Der innereuropäische Luftverkehr in statischer und dynamischer Hinsicht.

Der im wesentlichen günstigen Beurteilung der Teilnahme Europas und seiner Luftverkehrsgesellschaften am Weltluftverkehr steht nicht in gleicher Weise eine positive Beurteilung der Entwicklungslage im innereuropäischen Luftverkehr zur Seite. Um hierbei klar zu sehen, empfiehlt es sich, die für den innereuropäischen Luftverkehr wichtigsten Erscheinungen nach den zu Beginn dieses Abschnitts aufgeführten Faktoren zu gliedern.

Zur Beurteilung dieser Faktoren bildet die in Abb. 13 dargestellte Stromkarte des planmäßigen kontinentalen und interkontinentalen Luftverkehrs über Europa im Jahre 1950 eine maßgebende Grundlage. In dieser Karte sind auf dem Untergrund des Luftverkehrsnetzes eingetragen: die Kontinental- und Weltflughäfen Europas als Ankerpunkte für das Luftverkehrsnetz, die Gesamtabflüge eines Flughafens wöchentlich auf den Strecken in Gestalt der Abflüge in einer Richtung und die Anzahl der Luftverkehrsgesellschaften, die eine Strecke planmäßig befliegen. Will man aus der Häufigkeit der Verkehrsgelegenheiten die Verkehrsströme in Reisenden, Tonnen Fracht und Post und damit eine Verkehrsstromkarte im europäischen Luftverkehr ableiten, so ist das möglich mit Hilfe der durchschnittlichen Auslastung je Flugzeug mit zahlender Last. Diese durchschnittliche Auslastung beträgt:

a) im kontinentalen Verkehr je Flugzeug: 12 Reisende, 200 kg Fracht, 60 kg Post,
b) im interkontinentalen Verkehr je Flugzeug: 20 Reisende, 280 kg Fracht, 120 kg Post.

Die Abbildung enthält eine statische Seite in Gestalt des von den Flughäfen bestimmten Luftverkehrsnetzes und eine dynamische Seite in Gestalt der Belegung der Flughäfen und Strecken durch die Flüge der Luftverkehrsgesellschaften im kontinentalen und interkontinentalen Luftverkehr.

Das europäische Luftverkehrsnetz als statische Erscheinung ist organisch aufgebaut. Es entspricht den wirtschaftsgeographischen Voraussetzungen oder der räumlichen Verteilung des Luftverkehrsbedarfs im europäischen Raum. Die Schwerfläche der Netzdichte oder der auf 100 qkm entfallenden Streckenlängen in Kilometer liegt im Fünfeck des stärksten wirtschaftlichen und kulturellen Lebens London—Paris—Rom—Berlin—Kopenhagen—London. Außerhalb dieses Gebiets klingt die Netzdichte erheblich ab entsprechend der weiten Streuung der Städte mit mehr als 300 000 Einwohnern. Im Osten hat vor allem die politische Situation eine unorganische Gestaltung des Luftverkehrsnetzes mit sich gebracht, insofern als die wichtigsten Gelenkflughäfen zwischen Ost und West: Stockholm, Berlin, Prag und Wien, vom Westen mit Fluglinien zwei- bis viermal so stark angesteuert werden als vom Osten.

Die Verankerung des interkontinentalen Luftverkehrsnetzes im europäischen Raum entspricht der Verkehrsbedeutung der zu Weltflughäfen erklärten Flugplätze und ihrer günstigsten räumlichen Verteilung im Gesamtgebiet von Westeuropa. Die Städte Wien und Prag, die nach ihrem Verkehrswert den Charakter eines Weltflughafens besitzen, haben bisher vorwiegend kontinentale

Bedeutung, da der Anschluß an das interkontinentale Netz der westlichen Welt aus politischen Gründen sehr schwach und problematisch ist.

Zusammenfassend kann gesagt werden, daß das europäische Luftverkehrsnetz als statische Erscheinung den Voraussetzungen entspricht, die vom Standpunkt der räumlichen Verteilung des Verkehrsbedarfs gegeben sind.

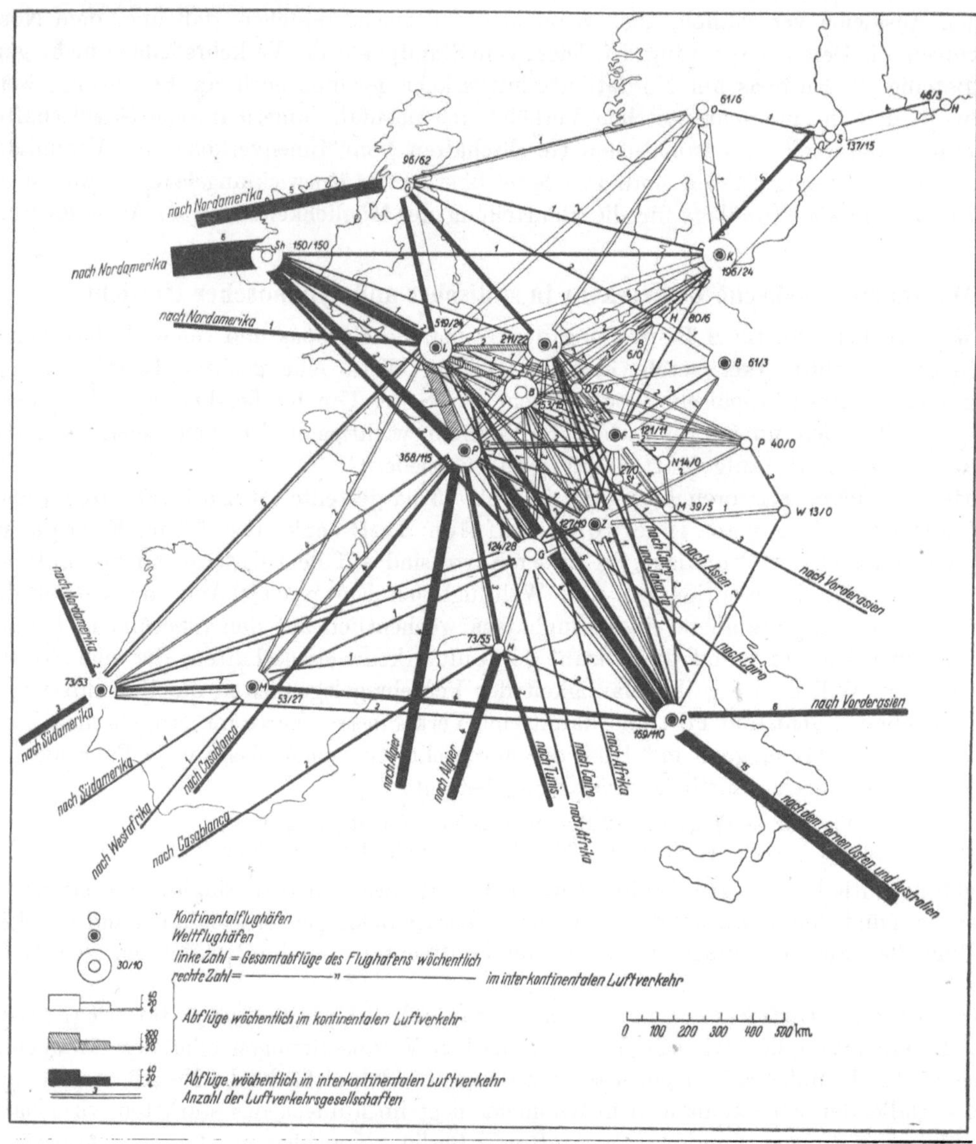

Abb. 13. Die Häufigkeit der Verkehrsgelegenheiten in einer Richtung und Woche
im planmäßigen europäischen Luftverkehr im Jahre 1950.

Im Gegensatz zu dieser durchaus positiven Bewertung der Gestaltung des Luftverkehrsnetzes ist die Beurteilung der dynamischen Seite nach Art und Umfang der Bedienung des Luftverkehrsnetzes über dem europäischen Raum weniger günstig gelagert. Im einzelnen wird diese Beurteilung sich zu erstrecken haben auf die verkehrsgeographische Situation und die Raumerschließung durch die Erdverkehrsmittel, die politischen Verhältnisse, die Organisation der Verkehrsbedienung durch die verschiedenen Luftverkehrsgesellschaften und schließlich auf die finanzielle Lage des europäischen Luftverkehrs.

Die verkehrsgeographische Situation Europas zeigt zwei Extreme in bezug auf das Maß der Verkehrsbedienung im Luftverkehr auf den verschiedenen Strecken. Im Norden erschweren Meeresflächen die Raumüberwindung durch die Bodenverkehrsmittel und geben dem Luftverkehr einen großen Zeitvorsprung. In der Mitte und im Süden haben ein hochleistungsfähiges Eisenbahn- und Straßennetz die Raumüberwindung in einem Maß erleichtert, durch das der Zeitvorsprung des Luftverkehrs auf ein Kleinstmaß herabgedrückt wird. Die Darstellung über die Häufigkeit der Verkehrsgelegenheiten läßt klar erkennen, daß die Belegung der Strecken sich dieser Lage durchaus angepaßt hat. Die kontinentalen Verkehrsströme über dem nördlichen Teil Europas sind vier- bis fünfmal, zwischen London und Paris zehnmal so stark als über der Mitte und dem Süden. Die verhältnismäßig großen Verkehrsströme zwischen Frankfurt und Hamburg einerseits und Berlin andererseits sind politisch bedingt. Die dynamische Seite des europäischen Luftverkehrsnetzes in Abhängigkeit von der verkehrsgeographischen Situation und von der Raumerschließung durch die Bodenverkehrsmittel kann als günstig gelöst angesehen werden.

Weniger positiv ist dagegen die politische, organisatorische und finanzielle Seite zu beurteilen. Alle drei Faktoren bedingen sich gegenseitig vor allem in bezug auf die ungünstigen Tatbestände für den europäischen Luftverkehr.

Die politische Gliederung Europas in 23 Länder, von denen 15 auf das westlich orientierte Gebiet entfallen, hat zwar nicht zum wenigsten dazu geführt, daß Europa durch seine zahlreichen Luftverkehrsgesellschaften für die Entwicklung der Luftverkehrstechnik und des Luftverkehrswesens eine sehr große Pionierarbeit geleistet hat. Für die Luftverkehrsbedienung im internationalen Verkehr verursacht sie jedoch zur Zeit Paß- und Devisenschwierigkeiten, die den Luftverkehrsbedarf in hohem Maß abdrosseln und für ihn schädlich sind. Was diese Schwierigkeiten luftverkehrswirtschaftlich bedeuten, läßt sich vielleicht am einfachsten durch das Maß der Raumfreiheit in Europa mit derjenigen in den Vereinigten Staaten von Amerika vergleichen. Das westliche Europa umfaßt bei 15 Ländern mit eigener Souveränität eine Fläche von 3,5 Mio qkm, die Vereinigten Staaten von Amerika belegen dagegen bei einer politischen Einheit 7,8 Mio qkm, also ungefähr doppelt soviel Fläche. In den Vereinigten Staaten von Amerika herrscht die für den Luftverkehr größte Raumfreiheit, in Europa dagegen die wohl in der Welt kleinste vor. Es braucht nicht betont zu werden, daß dieser Tatbestand den europäischen Luftverkehr lähmt und am besten durch eine europäische wirtschaftliche und politische Einheit korrigiert werden kann.

Die starke politische Zersplitterung Europas hat nun weiter die Rechtslage im internationalen Luftverkehr für den europäischen Raum besonders ungünstig beeinflußt. Nach den Vorschriften der ICAO (International Civil Aviation Organisation) ist die fünfte Freiheit im Luftraum, also der sogenannte Cabotageverkehr oder die Bedienung des Luftverkehrs innerhalb eines Landes durch ausländische Gesellschaften, nicht zustande gekommen. Das bedeutet praktisch, daß europäische Gesellschaften im inländischen Luftverkehr der Vereinigten Staaten von Amerika nicht arbeiten dürfen und auch nicht arbeiten, weil das gesamte Gebiet eine politische Einheit ist. Amerikanische Luftverkehrsgesellschaften dürfen dagegen jedes der 15 europäischen Länder anfliegen, von denen jedes eine politische Einheit darstellt, so daß im Vergleich zu den Vereinigten Staaten von Amerika in Europa ein verkappter Cabotageverkehr durch amerikanische Gesellschaften möglich und praktisch geworden ist. Dieser Zustand entspricht zwar durchaus der in der ICAO verankerten und niedergelegten Rechtslage, aber er bedeutet eine einseitige Benachteiligung der europäischen Luftverkehrsorganisationen. Darüber hinaus ist die Deutsche Bundesrepublik, solange sie ihre Lufthoheit nicht besitzt, für die fünfte Freiheit offen und muß in ihrem Gebiet den Cabotageverkehr ausländischer Gesellschaften ohne Gegenleistung hinnehmen.

Dieser Zustand wird zweifellos in nächster Zeit geändert werden, und Deutschland wird dann nur noch wie die übrigen europäischen Länder dem verkappten Cabotageverkehr ausgesetzt sein. Wir haben daher im Weltluftverkehr das paradoxe Bild, daß sich in dem großen und günstigen Luftverkehrsgebiet der Vereinigten Staaten von Amerika keine europäischen Luftverkehrsgesellschaften am inländischen Luftverkehr beteiligen können, während sich amerikanische Luftverkehrsgesellschaften im inländischen Luftverkehr Europas eingeschaltet haben und sich gleichsam auf beiden Seiten des Nordatlantiks auf ein starkes kontinentales Luftverkehrsnetz stützen können, was den europäischen Gesellschaften nicht möglich ist.

Zwar ist diese Situation auch von einem gewissen Vorteil für den europäischen Luftverkehr, insofern als die Luftverkehrskunden in Flugzeugen amerikanischer Gesellschaften ohne Wechsel des Flugzeugs oder der Gesellschaft von Verkehrsschwerpunkten der Vereinigten Staaten von Amerika zu Verkehrsschwerpunkten von Europa und umgekehrt fliegen können. Aber die europäischen Luftverkehrsgesellschaften und damit auch ein großer Teil der Verkehrskunden bleiben dabei benachteiligt. Die Benachteiligung besteht vor allem darin, daß über dem europäischen Raum die Gefahr einer Überbesetzung der Luftverkehrsstrecken durch Luftverkehrsgesellschaften besonders groß ist und ein ungesunder Wettbewerb entsteht, der vor allem den europäischen Gesellschaften Verluste bringt, und zwar nicht allein auf den kontinentalen Strecken, sondern auch auf den außerordentlich verkehrsgünstigen Nordatlantikstrecken.

Die Darstellung der Verkehrsströme über Europa gibt ein eindrucksvolles Bild der negativen Seite dieser Sachlage. Bis zu 7 Gesellschaften befliegen europäische Luftverkehrsstrecken, während auf amerikanischen Luftverkehrslinien höchstens drei Gesellschaften sich in den Verkehrsbedarf teilen. Oder nach einem anderen Maßstab gemessen, es bemühen sich 15 europäische und 7 Gesellschaften anderer Erdteile, das sind insgesamt 22 Gesellschaften, um die Befriedigung des europäischen Luftverkehrsbedarfs über einer Fläche von 3,5 Mio qkm gegenüber 16 amerikanischen Luftverkehrsgesellschaften über einer Fläche von 7,8 Mio qkm.

Die ungünstige Folge dieser starken organisatorischen Aufteilung im europäischen Luftverkehr liegt offen zutage nicht allein in einer gewissen Uneinheitlichkeit in der Flugsicherung, sondern vor allem in einem grundsätzlichen Unterschied in der Wirtschaftlichkeit der europäischen und amerikanischen Luftverkehrsgesellschaften. Während fast alle amerikanischen Luftverkehrsgesellschaften bereits im Jahre 1949 ihre Ausgaben durch Verkehrseinnahmen decken konnten, liegt bei den europäischen Luftverkehrsgesellschaften eine Unterbilanz von 10—30% vor, die zu einem wesentlichen Teil auf eine zu weitgehende Verteilung des Luftverkehrsbedarfs auf eine große Anzahl von Luftverkehrsgesellschaften zurückzuführen ist. Es entspricht einer politischen Sonderlage, wenn von 10 gewinnbringenden Strecken der britischen europäischen Luftverkehrsgesellschaft (BEA) allein 4 Luftverkehrsverbindungen nach Berlin weitaus an der Spitze nach Verkehrsumfang und Einnahmen stehen.

Eine weitere Ursache für die Unwirtschaftlichkeit im europäischen Luftverkehr ist in dem großen Aufwand zu suchen, den die einzelnen Verwaltungen der zahlreichen Luftverkehrsgesellschaften verursachen. Jede von ihnen unterhält eine eigene teure Organisation, angefangen von der Generaldirektion mit umfangreichen technischen und kaufmännischen Stäben, bis zu der Flugleitung, den Stadtbüros, dem Zubringerdienst und der Werbung. Will man als Maßstab für die Größe der Organisation die jährlichen Flugkilometer der Gesellschaften ansehen, so zeigen die Tab. 8a und 8b die großen Unterschiede zwischen den europäischen und amerikanischen Gesellschaften. Die großen amerikanischen Gesellschaften liegen in ihrer Flugleistung durchweg zwei- bis dreimal so hoch wie die europäischen Gesellschaften.

Tabelle 8a. *Jahresleistungen der europäischen Luftverkehrsgesellschaften im Jahre 1950.*

Luftverkehrsgesellschaft	Flug-Kilometer in 1000	Fluggäste	Post	Fracht
			in t	
Aer Lingus Teoranta (Irland) ..	4 750	218 120	157	2 322
Aero O/Y (Finnland)............	2 078	76 000	189	295
Air France (Frankreich)	48 453	765 000	6790	28 050
Alitalia (Italien)	4 392	24 203	136	547
Ali-Flotte Riunite (Italien)	3 123	70 128	168	1 182
BEA } (Großbritannien)	32 845	913 000	5097	9 281
BOAC }	42 303	181 000	1925	4 166
Iberia (Spanien)	7 938	280 115	299	645
KLM (Niederlande)	33 611	397 000	1373	9 370
Sabena (Belgien)..............	13 691	174 000	945	5 686
SAS (Nordische Staaten)	24 452	440 000	2103	6 422

An dieser Stelle interessiert noch das wirtschaftliche Gewicht des gesamten Umsatzes der europäischen und amerikanischen Gesellschaften im Jahre 1950. Der Gesamtumsatz der europäischen Gesellschaften betrug 280 Mio Dollar, der der amerikanischen Gesellschaften 820 Mio Dollar. Während die europäischen Gesellschaften keine Gelegenheit haben, in dem inneramerikanischen Luftverkehr sich zu betätigen, ist es nach den bestehenden Rechtsgrundlagen der ICAO für die drei amerikanischen Gesellschaften AOA, PAA und TWA möglich, im europäischen Raum zu fliegen und dabei Einnahmen von 25—30 Mio Dollar zu erzielen oder nahezu 10% des Umsatzes der europäischen Gesellschaften an sich zu ziehen.

Eine Zusammenfassung des europäischen Luftverkehrs in einer oder mehreren Gesellschaften würde zu einer wesentlichen Vereinfachung und Verbilligung der Verwaltung und des Betriebs führen. Vor allem würde eine solche Zusammenfassung im Interesse der Verkehrskunden auch eine Vereinheitlichung der Abfertigung in den Flughäfen mit sich bringen. Heute liegen in den Flughafenstädten die Luftreisebüros der verschiedenen Gesellschaften nebeneinander in den teuersten Geschäftsstraßen. Die hierbei entstehenden Mehrkosten könnten gespart werden, wenn eine internationale Betriebsgemeinschaft auf jedem Flughafen nur eine Flugleitung, eine Abfertigung, ein Stadtbüro und einen Zubringerdienst halten würde.

Tabelle 8b. *Jahresleistungen der führenden Luftverkehrsgesellschaften in der Welt im Jahre 1950.*

Luftverkehrsgesellschaft	Flugkilometer in 1000	Fluggäste
American Airlines (USA)	97 463	3 530 000
Trans World Airlines (USA)	95 956	1 694 000
United Airlines (USA)	89 212	2 476 000
Eastern Airlines (USA)	85 011	2 651 000
Pan American Airways (USA) ..	91 547	1 112 000
BOAC } (Großbritannien)	42 303	181 000
BEA	32 845	913 000
Air France (Frankreich)	48 453	765 000
Northwest Airlines (USA)	41 582	854 000
KLM (Niederlande)	33 611	397 000
Trans-Canada Air Lines (Kanada)	34 896	818 000

Quelle: Betriebsstatistik der Mitglieder der „International Air Transport Association" (IATA) für 1950.

Die schwedische, norwegische und dänische Luftverkehrsgesellschaft haben sich für den Betrieb internationaler Linien bereits seit einigen Jahren zu einem Pool zusammengeschlossen. Die niederländische Gesellschaft, die KLM, bemüht sich unter der Leitung ihres Direktors Plessmann um einen Zusammenschluß mit der belgischen SABENA und der schweizerischen Swissair, also mit zwei verhältnismäßig kleinen Gesellschaften.

Während sich die europäischen Gesellschaften im freien Wettbewerb gegenüberstehen und höchstens eine individuelle Selbstkontrolle über den Erfolg ihrer Verkehrsarbeit durchführen, besteht seit langem in den Vereinigten Staaten von Amerika das Luftverkehrsamt oder Civil Aeronautics Board (CAB), das ständig die Wirtschaftlichkeit des amerikanischen Luftverkehrs verfolgt und die Rentabilität der Luftverkehrsgesellschaften überwacht. Zur Zeit beabsichtigt das CAB, mit Verlust arbeitende Strecken einem rentablen Hauptstreckennetz anzufügen oder aber durch Zusammenschluß zu rationalisieren. Selbst im klassischen Lande der freien Initiative sind der Ungebundenheit des Luftverkehrs durch das CAB erhebliche Fesseln angelegt, die einen ruinösen Wettbewerb ausschließen und auch mehrere Gesellschaften zu kooperativer Streckenbedienung zwingen können.

Die Rationalisierung des europäischen Luftverkehrs durch Zusammenlegung von Gesellschaften wird auf die Dauer nicht zu umgehen sein. Es könnte dem entgegengehalten werden, daß auch in dem Inlandsluftverkehr der Vereinigten Staaten von Amerika viele Gesellschaften nebeneinander bestehen und wirtschaftlich arbeiten können. Ihnen sind in der Ost-West-Richtung sowie in der Nord-Süd-Richtung bestimmte Bedienungszonen zugeteilt worden, so daß die Überlagerung mehrerer Gesellschaften verhältnismäßig gering ist. Eine ähnliche regionale Aufteilung des europäischen Raums auf die Luftverkehrsgesellschaften ist nach der Struktur der Luftverkehrsbedarfslage in Europa kaum durchführbar. Die Abb. 13 läßt die typische Konzentration des Luftverkehrsbedarfs im Fünfeck London—Paris—Rom—Berlin—Kopenhagen—London erkennen, also auf einer verhältnismäßig kleinen kontinentalen Fläche. Ihre Aufteilung unter verschiedene Gesellschaften im Sinne der amerikanischen Methode ist praktisch nicht möglich. In den Vereinigten Staaten von Amerika sind die wichtigsten Verkehrsbedarfsflächen weit auseinander gezogen, sowohl in der Ost-West-Richtung wie auch in der Nord-Süd-Richtung. Diese Dezentralisation in der räumlichen Verteilung des Luftverkehrsbedarfs gestattete eine Aufteilung nach verschiedenen Interessenzonen für die einzelnen Luftverkehrsgesellschaften.

An dieser Stelle soll nicht darauf eingegangen werden, daß im europäischen Luftverkehr die Versicherung gegen Unfälle uneinheitlich geregelt ist und daß die Zuständigkeit der Gerichte sowie die Vollstreckbarkeit der Urteile noch völlig unübersichtlich ist[1]. Diese im Vergleich zu den meisten übrigen Verkehrsmitteln bedenklichen Lücken im internationalen Luftverkehr Europas bedürfen dringend einer Korrektur.

IV. Schlußfolgerungen.

Die Gestaltung des europäischen Luftverkehrsnetzes und die Raumlage der Flughäfen unterliegt grundsätzlich ähnlichen Gesetzen, wie sie im übrigen Verkehrswesen gegeben sind. Sie folgen der Großräumigkeit des Luftverkehrs in ihren speziellen Formen. Die Grundlage bildet der Luftverkehrsbedarf, zu dessen Ermittlung nach Art, Größe und räumlicher Verteilung neue Methoden entwickelt werden mußten.

Die Untersuchung der Frage, inwieweit die Entwicklungslage des Luftverkehrs von Europa im internationalen und innereuropäischen Luftverkehr der Verkehrsbedarfslage entspricht, ergab positive und negative Tatbestände. Durchaus positiv ist die statische Seite in Gestalt des von den Flughäfen bestimmten Verkehrsnetzes zu bewerten, ebenso ein Teil der dynamischen Seite in Gestalt der generellen Belegung der Flughäfen und Strecken durch die Flüge der Luftverkehrsgesellschaften. Dagegen muß im Endergebnis der Betrachtungen über das europäische Luftverkehrsnetz als dynamische Erscheinung festgestellt werden, daß die ungenutzten Möglichkeiten zur Steigerung der Leistungsfähigkeit und Wirtschaftlichkeit des europäischen Luftverkehrs noch ein beachtliches Maß aufweisen. Da sie politischer und organisatorischer Natur sind, so sind die Wege vorgezeichnet, auf denen versucht werden kann, das Mißverhältnis zwischen Können und Wollen sowie zwischen Voraussetzungen und Gegebenheiten zu beseitigen.

Im einzelnen wurde festgestellt, daß:

a) das politische Schachbrett Europas die Bequemlichkeit einer Luftreise infolge Paß- und Devisenschwierigkeiten beeinträchtigt,

b) die Aufteilung Europas in 15 Länder die europäischen Luftverkehrsgesellschaften in der Ausübung der fünften Freiheit erheblich benachteiligt,

c) die zahlreichen nationalen Luftverkehrsgesellschaften Europas und die Betätigung vieler nichteuropäischer Gesellschaften im europäischen Luftverkehr zu einem starken, ungesunden Wettbewerb geführt haben, dessen Nachteile vorwiegend einseitig auf europäischer Seite liegen,

d) die Zersplitterung der Luftverkehrsbedienung und die große Anzahl von Luftverkehrsgesellschaften die Wirtschaftlichkeit des Luftverkehrs beeinträchtigt und die Abfertigung sehr unbequem gestaltet,

e) die Einheit der Flugsicherung noch lückenhaft ist.

Ein einheitliches Europa würde die Nachteile der Punkte a) und b) ganz bereinigen und zu den Punkten c) bis e) Verbesserungen bringen. Da der Aufbau des einheitlichen Europas wohl noch lange auf sich warten lassen wird, so empfiehlt es sich, auf dem Gebiet des europäischen Luftverkehrs eine wirtschaftliche und technische Rationalisierung durch Schaffung einer internationalen europäischen Betriebsgemeinschaft der Luftverkehrsgesellschaften zustande zu bringen. Für sie müßte eine Europa-Union der Luft allerdings die notwendigen politischen Grundlagen schaffen. Das würde bedeuten, daß Europa eine kontinentale Luftverkehrsorganisation erhalten würde, wie sie in den Vereinigten Staaten von Amerika besteht und repräsentiert wird durch das Civil Aeronautics Board (CAB), das vornehmlich für die wirtschaftlichen Fragen zuständig ist und die Richtlinien und Grundsätze aufstellt, nach denen die Flugsicherung und die Bodenorganisation von der Civil Aeronautics Administration (CAA) durchgeführt wird. Die Luftschranken Europas würden fallen, und mit der europäischen Raumfreiheit würde die fünfte Freiheit im Luftverkehr Möglichkeit werden können.

---

[1] Bärmann, J.: Möglichkeiten der Weiterentwicklung im internationalen Verkehrsrecht, Heft 2/1952 Internationales Archiv für Verkehrswesen Mainz 1952.

Die Gestaltung der Flughäfen.

Von Dr.-Ing. Carl E. Gerlach, Stuttgart.

I. Technische Planungsgrundsätze für die Flughafengestaltung.

A. Allgemeines.

Die folgenden Ausführungen beziehen sich auf die allgemeinen Grundsätze für die technische Planung von Flughäfen. Im Teil II sind diese als konkretes Zahlenbeispiel bei der Standortwahl des Flughafens Niedersachsen angewandt.

Liegt der Schwerpunktbereich des Flughafens auf Grund der verkehrlichen Planung und seine Größenordnung als Landesflughafen, Kontinental- oder Interkontinentalflughafen fest, dann folgt die flugbetriebs- und bautechnische Planung. Grundsätzlich ist für jeden Flughafen ein Generalausbauplan aufzustellen, der den möglichen, zukünftigen Endausbau umfassen soll. Der tatsächliche Ausbau kann je nach der Verkehrsentwicklung in einzelnen Bauabschnitten erfolgen. Der Generalausbauplan bildet einen Bestandteil der Genehmigungsurkunde für den Flughafen.

In einer 1937 erschienenen Abhandlung[1] wurden vom Verfasser die Möglichkeiten der Rollfeldgestaltung im wesentlichen in drei Systemen zusammengefaßt: Rasensystem, Randbahnsystem und Rollbahnsystem. Hier ist im Zuge der Weiterentwicklung, beschleunigt durch die Kriegserfahrungen, eine bemerkenswerte Vereinheitlichung festzustellen.

Das Rasensystem kommt nur noch für kleine Landeplätze des Sport- oder privaten Reiseflugbetriebs oder sonstige Plätze untergeordneter Bedeutung in Frage, da die Grasnarbe den Beanspruchungen durch die gesteigerten Radlasten nicht mehr gewachsen ist. Diese Feststellung gilt allgemein; in verstärktem Maße bezieht sie sich auf die kritische Jahreszeit. Sicherheit und Regelmäßigkeit eines ganzjährigen Verkehrsflugbetriebes sind auf Rasenflächen nicht mehr gewährleistet. Der Begriff des Rollfeldes im überlieferten Sinne trifft daher für Verkehrsflughäfen nur noch bedingt zu.

Das nur in Deutschland in Erscheinung getretene Randbahnsystem stellte eine Übergangslösung zwischen Rasen- und Startbahnsystem dar und ist über eine Anwendung auf den Flughäfen Berlin-Tempelhof, München-Riem und Stuttgart-Echterdingen nicht hinausgekommen.

Das Startbahnsystem hat seine Vorzüge vor allem auch während des Krieges in einer Vielzahl von Gestaltungsvariationen unter Beweis gestellt und gehört heute zur Grundausstattung eines Verkehrsflughafens von Bedeutung.

Die nachfolgende Aufstellung und Erläuterung der Planungsgrundsätze für die Gestaltung von Verkehrsflughäfen, die in diesem Rahmen naturgemäß nur generell erfolgen kann, geht daher von der Anwendung des Startbahnsystems aus, das inzwischen praktisch auf allen planmäßig angeflogenen Verkehrsflughäfen der Welt eingeführt ist.

B. Generelle Ausbauforderungen.

Der Flughafen besteht im wesentlichen aus den Flugbetriebs- und Abfertigungsflächen und der Bauzone. Für die grundsätzliche Planung bzw. den Einfluß des Flughafens auf die Bebauung seiner Umgebung ist in Deutschland § 10a des Luftverkehrsergänzungsgesetzes vom 27. 9.

---

[1] Gerlach: Die Ausgestaltung der Flughäfen in Abhängigkeit von den Flug- und Abfertigungsvorgängen. Teil 2 des Heftes 11 der Forschungsergebnisse des Verkehrswissenschaftl. Instituts an der T.H. Stuttgart. Berlin: Springer 1937.

1938[1] noch gültig. Diese Vorschriften sind teilweise überholt und zur Zeit in Neubearbeitung. In fast allen Ländern wird nach den internationalen Richtlinien und Empfehlungen der International Civil Aviation Organization (ICAO)[2] gearbeitet.

Die Bestimmungen des LVG[3] gehen großenteils noch vom Flächensystem bzw. der Kreis- oder elliptischen Form des Rollfeldes aus. Die ICAO-Empfehlungen beziehen sich ausschließlich auf das Bahnsystem. Nach ihnen sind die Flughäfen in die Klassen A bis G eingeteilt, wobei A die größte Klasse für Interkontinentalflughäfen bezeichnet. Für sie ist eine Startbahnlänge von mindestens 2550 m vorgesehen. Für die kleinste Klasse eine solche von 900 m. Die Bemessung der Startbahndecken soll für die Klasse A für 45 t, für die kleinste Klasse für 2 t Einzelradlast des Flugzeuges erfolgen. Die Bezeichnung A 1 bedeutet demnach Startbahngrundlänge nach Klasse A mindestens 2550 m und Deckenstärke nach Klasse 1 für 45 t Einzelradlast ausreichend.

Die jeweiligen Mindestbreiten der Startbahnen schwanken nach den einzelnen Klassen zwischen 60 und 30 m. Die Längs- und Querneigung darf maximal 1 bzw. 1,5% betragen. Zu beiden Seiten der Startbahn sind noch planierte Rasensicherheitsflächen von je etwa 100 bis 150 m Breite erforderlich. Ihre Länge geht um etwa 100 bis 300 m über die befestigten Bahnenden hinaus, um auch in der Längsrichtung zusätzliche Sicherheitsflächen zu haben. In Ausnahmefällen kann es notwendig werden, einen Übergangsstreifen zwischen der eigentlichen Startbahn und der (Rasen-) Start- und Landefläche leicht zu befestigen. Zurollbahnen in den Breiten zwischen 12 und 30 m verbinden die Startbahn mit den Abfertigungsflächen. Die Mindesthindernisfreiheit vom Ende der Start- und Landeflächen beträgt für Schlechtwetter-Start- und Landebahnen 1 : 50, für die Schönwetterbahnen schwankt sie je nach der Flughafenklasse zwischen 1 : 25 und 1 : 40.

C. Die Planungsfaktoren und ihre Bewertung.

Die wichtigsten Planungsfaktoren für die Gestaltung der Betriebsflächen des Flughafens lassen sich in fünf Punkten wie folgt zusammenfassen, wobei die den Flughafen benutzenden Flugzeugtypen von grundsätzlicher Bedeutung sind:

1. Hindernisfreiheit der Flughafenumgebung; — 2. Meteorologische und klimatische Einflüsse; — 3. Verkehrs- und Versorgungsanschlüsse; — 4. Topographische Verhältnisse des Geländes; — 5. Untergrundverhältnisse und Bodenkultur.

1. Hindernisfreiheit der Flughafenumgebung.

Der Faktor Hindernisfreiheit steht mit Rücksicht auf den Vorrang der Sicherheit an erster Stelle. Er ist von besonderer Bedeutung für die Lage der Anflugsektoren und die Erweiterungsmöglichkeit der Betriebsflächen.

Als wesentlichstes Merkmal in der Entwicklung der Planungsgrundsätze ist der Abgang vom unbefestigten Flächensystem und der Übergang zum befestigten Bahnsystem festzuhalten. Das Flächensystem, das zwar Freizügigkeit in der Festlegung der Start- und Landerichtung bot, zeigte mit der Zunahme der Bebauung am Rollfeldrand wesentliche Mängel in der Ausnutzung der verfügbaren Start- und Landestrecken. Durch die gelegentliche Notwendigkeit, die Randbebauung bei Start und Landung zu überfliegen, wird ein erheblicher Teil des Rollfeldes nicht ausgenutzt. Es entsteht ein zusätzlicher Flächenbedarf und gleichzeitig eine Verminderung der Flugsicherheit.

In Erkenntnis dieser Tatsache entstand das zunächst noch unbefestigte Bahnsystem. Bei seiner Gestaltung wurde davon ausgegangen, daß ein Seitenwind unter 22,5 bzw. 30 Grad bei Start und Landung in Kauf genommen werden kann. Man konnte sich damit auf acht bzw. sechs hindernisfreie Anflugrichtungen beschränken. Als betrieblich zweckmäßigste Anordnung der Bebauungszone ergab sich hieraus eine keilförmig vorgeschobene Lage der Flughafenbauten.

---

[1] Reichsges.Bl. 1938, Teil I, Nr. 151, S. 1246—1248.
[2] ICAO, Do. 4809 — AGA 558 v. 29. 10. 1947.
 ICAO, Annex 14.
[3] Luftverkehrsgesetz.

Schon vor dem Kriege hat es sich gezeigt, daß unbefestigte Flächen auf die Dauer den Beanspruchungen durch die Flugzeugbewegungen nicht mehr gewachsen sind. Auch für die damaligen, verhältnismäßig leichten Flugzeuge war eine ganzjährige Betriebsbereitschaft der unbefestigten Rollfelder infolge der Bodenverhältnisse im Herbst und Frühjahr vielfach nicht möglich. Nun kam noch die erhebliche Zunahme der Gewichte der Flugzeuge, der Reifendruck stieg von etwa 3 kg/qcm bis zu max. etwa 9 kg/qcm an, so daß Regelmäßigkeit und Sicherheit von Start und Landung nur noch mit befestigten Startbahnen gegeben war.

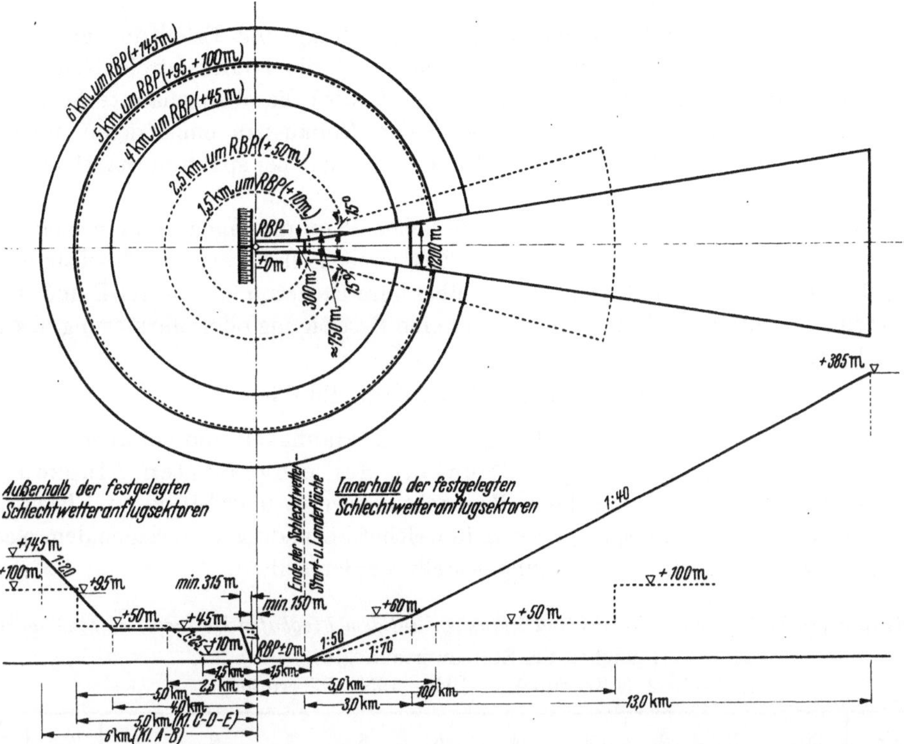

Abb. 1. Die Vorschriften des deutschen Luftverkehrsgesetzes und die Empfehlungen der ICAO.
······ LVG, Erg.-Ges. v. 27. 9. 1938. —— ICAO-Empfehlungen v. 1947.

In Abb. 1 sind die Bestimmungen des LVG und der ICAO in Grundriß und Schnitt dargestellt. Ein Vergleich der Vorschriften läßt erkennen, daß nach den ICAO-Empfehlungen die Schlechtwetteranflugsektoren wesentlich schmäler gehalten sind, als nach dem LVG. Die Länge der letzteren beträgt nach ICAO nur 3 km vom Start- und Landeflächenende, doch ist erwünscht, das Gelände bis in 16 km Entfernung auf die erforderliche Mindesthindernisfreiheit zu überprüfen. Das LVG umfaßt den Bereich des Schlechtwetteranflugsektors bis 10 km vom Rollfeldbezugspunkt.

Besondere Schönwetteranflugsektoren sind nach LVG nicht vorgesehen, es besteht vielmehr im Bereich des 1,5 km Kreises um RBP[1] Freizügigkeit in der betrieblich bedingten Wahl der Start- und Landerichtung bzw. der Festlegung von Start- und Landebahnen. Die Schönwetteranflugsektoren nach ICAO beginnen am Ende der Start- und Landefläche in deren Breite und enden in 3 km Entfernung in 750 m Breite.

Die Hindernisfreiheit im Schlechtwetteranflugsektor in einer Neigungslinie von 1:50 und anschließend 1:40 zeigt sich gegenüber 1:70 beim LVG weniger einschneidend für die Flughafenumgebung. Es ist jedoch zu beachten, daß die in den ICAO-Empfehlungen genannten Zahlen Mindestwerte darstellen.

Ein wesentlicher Gesichtspunkt für die Änderung des LVG ist die notwendige bessere Anpassung an das Bahnsystem. Der 1,5 km Kreis reicht bei exzentrischer Lage des Startbahnsystems zum RBP

---

[1] Rollfeldbezugspunkt.

nicht mehr aus. Eine solche Lage des Startbahnsystems ist zwar nicht erwünscht, sie wird aber bei vielen vorhandenen Flughäfen, deren Startbahnen nur nach einer Richtung verlängert werden können, nicht zu umgehen sein. Die Lage des RBP kann jedenfalls später nicht mehr verändert werden. Er wird im Generalausbauplan endgültig festgelegt und auf ihn beziehen sich alle Entfernungen und Höhen hinsichtlich der Baubeschränkung in der Flughafenumgebung, die in dem unter Abschnitt H behandelten Bauhöhenplan niedergelegt ist. Andererseits können außerhalb der Start- und Landeflächen und der Anflugsektoren Zugeständnisse in der Bauhöhenbeschränkung gemacht werden.

Innerhalb sämtlicher Anflugsektoren muß auf die Erreichung und Erhaltung größtmöglicher Hindernisfreiheit geachtet werden. Durch die Tatsache, daß die hindernisfreie Neigung in der Praxis am Ende der Start- und Landefläche angelegt wird, wird die obengenannte Forderung, im Generalausbauplan von vornherein schon den maximalen Endausbau einzutragen, noch unterstrichen. Es wird damit eine Einschränkung der Hindernisfreiheit bei späteren Startbahnverlängerungen vermieden.

Zu jedem Generalausbauplan gehört neben den üblichen Planunterlagen und einer eingehenden Begründung aller vorgeschlagenen Maßnahmen eine Zusammenstellung der Luftfahrthindernisse in der Umgebung des Flughafens. Eine Untersuchung über ihre Entfernung vom RBP und ihre Höhe über dem letzteren gibt Aufschluß darüber, inwieweit eine Beseitigung oder Markierung des Hindernisses erforderlich ist.

2. Meteorologische und klimatische Einflüsse.

Für die Anzahl der Startbahnrichtungen ist die Häufigkeit und vor allem die Stärke des Windes und die Seitenwindempfindlichkeit der eingesetzten Flugzeugtypen maßgebend. Für die Planung werden daher Beobachtungswerte über Stärke und Richtung des Windes benötigt. In Tab. 1 ist ein Beispiel gegeben, in welcher Form diese Unterlagen dem planenden Ingenieur durch den Wetterdienst zur Verfügung gestellt werden sollten.

Tabelle 1. *Windstärke bei verschiedenen Windrichtungen auf dem Flughafen Hannover-Langenhagen*[1]
Häufigkeit der Stufenwerte in %o.
1935—1944 (4 Termine)   1946—1950 (3 Termine)

Windstärke F:	00	1	2	3	4	5	6	7	8	9	%o	Anzahl der Fälle
DD: Stille 00	70										70	1 314
02		6	7	3	1	0	—	—	—	—	17	318
04		9	8	5	2	1	0	—	—	—	25	482
06		8	9	10	7	2	1	0	—	—	37	702
Ost 08		17	21	23	16	6	2	1	—	—	86	1 631
10		13	19	18	16	8	3	1	0	0	78	1 475
12		12	13	10	4	2	—	—	—	—	41	769
14		10	10	8	3	0	—	—	—	—	31	580
Süd 16		13	19	13	5	1	0	0	—	—	51	964
18		11	16	12	7	2	0	0	—	—	48	905
20		16	22	20	12	3	1	0	0	—	74	1 398
22		16	33	37	33	13	4	1	—	—	137	2 585
West 24		20	37	43	31	12	5	1	—	0	149	2 825
26		10	20	23	14	6	1	0	—	—	74	1 392
28		9	14	10	5	2	0	0	—	—	40	754
30		7	8	6	2	0	0	0	—	—	23	426
Nord 32		8	6	4	1	0	—	—	—	—	19	351
	70	185	262	245	159	58	17	4	0	0	1000	18 871

Die einzelnen Zahlen sind nach Häufigkeit und Stärke des Windes im allgemeinen durch Ablesung in 16 Richtungen gewonnen. Alle Werte, die zwischen diesen Richtungen liegen, werden den Meßrichtungen zugeschlagen. Es kann also bei einer zeichnerischen Darstellung des Diagramms nur

---

[1] Nach den Werten des Meteorologischen Amtes Hannover-Braunschweig.

mit 16 Strahlen gearbeitet werden und nicht, wie vielfach gehandhabt, mit einer geschlossenen Rose, bei der die Endpunkte der Strahlen verbunden sind, da diese Verbindungslinien nicht den gemessenen Werten entsprechen. Abb. 2 zeigt ein Diagramm der Windstärken in den einzelnen Richtungen für den Flughafen Hannover-Langenhagen in der erwünschten Form.

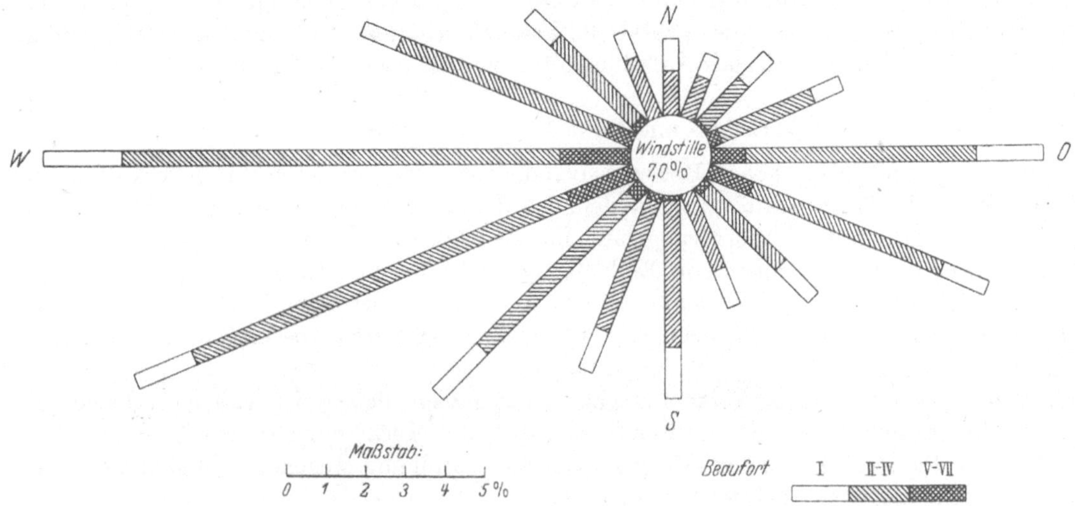

Abb. 2. Häufigkeit und Richtung der Windstärken auf dem Flughafen Hannover-Langenhagen (1935—1944 und 1946—1950).

In Deutschland wurde bis Kriegsende mit einer zulässigen Querwindkomponente von 18 km/h gerechnet. Durch die Einführung des Bugradfahrgestells und die Zunahme der Fluggewichte sind die Flugzeuge richtungsstabiler und damit weniger seitenwindempfindlich geworden. Die Arbeiten an der Entwicklung eines drehbaren Schiebefahrwerks lassen die Tendenz erkennen, daß die Flugzeuge in Zukunft noch weniger seitenwindempfindlich sein werden. Die ICAO-Empfehlungen lassen für Start .und Landung eine Querwindkomponente von 24 km/h als noch unschädlich zu. Aus der Forderung, daß mindestens 95% aller Starts und Landungen bei einem Querwind von 24 km/h ausgeführt werden können, läßt sich die Anzahl der benötigten Startbahnrichtungen ableiten.

Im Landesinnern ist vielfach mit erheblichen Windstilleanteilen und mit eindeutig vorherrschenden Windrichtungen zu rechnen. Je näher die Flughäfen an der Küste liegen, desto mehr treten starke Winde in verschiedenen Richtungen auf. Daraus ergibt sich die Tatsache, daß die an der Küste liegen-

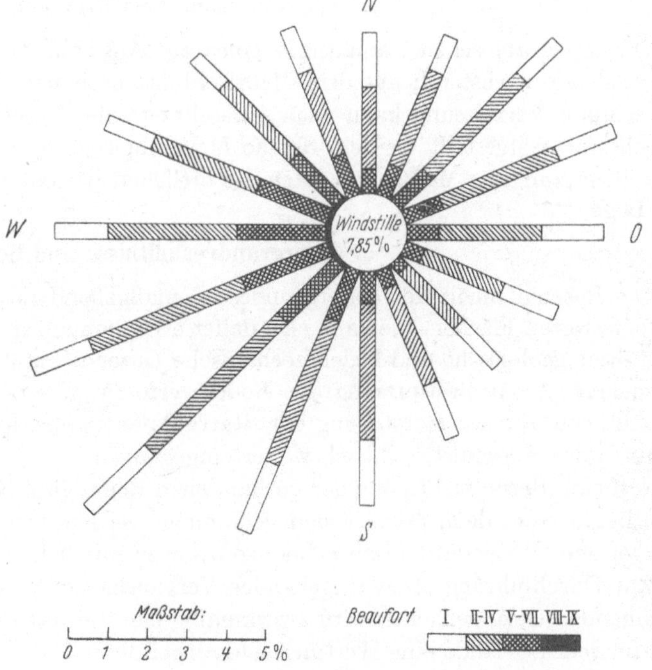

Abb. 3. Häufigkeit und Richtung der Windstärken auf dem Flughafen Amsterdam-Schiphol (1931—1939).

den Flughäfen vielfach ein ausgedehntes Startbahnsystem benötigen. In Abb. 3 ist vergleichsweise das Windrichtungs- und Stärkediagramm .des Flughafens Amsterdam-Schiphol dargestellt, das den grundsätzlichen Unterschied gegenüber dem von Hannover erkennen läßt.

Im Abschnitt D wird ein graphisches Verfahren zur Bestimmung der benötigten Startbahnrichtungen gezeigt und für die Beispiele der Flughäfen Hannover und Amsterdam der Betriebswert des Startbahnsystems nach diesem ermittelt.

Mit Rücksicht auf den erschwerten Flugbetrieb bei Schlechtwetterlagen und zur Beurteilung der meteorologischen und klimatischen Güte des Flughafens ist von Wichtigkeit, auch Angaben über Nebelhäufigkeit, Wolkenhöhe und Sichtverhältnisse zu erhalten. Auch Zahlenwerte über die Niederschlagshäufigkeit ergeben oftmals Aufschlüsse für bautechnische Maßnahmen.

3. Verkehrs- und Versorgungsanschlüsse.

Zur Erzielung von möglichst hohen Reisegeschwindigkeiten und niederen Zubringerkosten im Luftverkehr muß großer Wert darauf gelegt werden, daß die Entfernung des Flughafens vom Stadtzentrum nicht zu groß ist. Diese Forderung muß mit der Notwendigkeit einer guten Hindernisfreiheit in den Anflugsektoren sinnvoll in Einklang gebracht werden. Im allgemeinen sollte die Entfernung vom Stadtkern nicht mehr als höchstens 10 bis 15 km betragen. Wichtig ist eine günstige Lage zu den vorhandenen Verkehrseinrichtungen, die einen guten Anschluß an das Straßen- und Autobahnnetz, sowie das Eisenbahnnetz gestattet.

Die Erfahrung bei vorhandenen Verkehrsflughäfen hat gezeigt, daß in den Fällen, in denen der Flughafen für Interessenten aus der Stadt mit öffentlichen Verkehrsmitteln erreichbar ist, eine wesentlich bessere Rentabilität der der Allgemeinheit zur Verfügung stehenden Flughafeneinrichtungen (Gaststätten- und Verkaufsbetriebe) erzielt wird.

Auf ähnlicher Ebene liegt die Forderung nach günstigen Versorgungsanschlüssen wie Stromanschluß, Wasserzuführung und Nachrichtenanschluß. Ein Gelände, das erst neu erschlossen werden muß und lange Leitungsführungen benötigt, erfordert ganz erhebliche Erschließungskosten.

4. Topographische Verhältnisse des Geländes.

Die topographischen Verhältnisse eines zur Auswahl für einen Flughafen stehenden Geländes lassen sich zunächst roh aus dem Meßtischblatt erkennen. Bei einer örtlichen Begehung und gegebenenfalls Vermessung kann nach Aufstellung eines Vorentwurfs mit überschlägiger Erdmassenberechnung festgestellt werden, ob die Massenbewegung sich in tragbarem Rahmen bewegt. Zu einer Schätzung der Massen nur nach der örtlichen Besichtigung sind nur erfahrene Spezialisten in der Lage.

5. Untergrundverhältnisse und Bodenkultur.

Die Beschaffenheit des Untergrundes ist maßgebend für die Bemessung und die Konstruktion der befestigten Flächen. Sie kann sich daher erheblich auf die Höhe der Baukosten auswirken. Eine sorgfältige geologische und bodenmechanische Untersuchung des Untergrundes in Labor- und Feldversuchen ist zur Bestimmung der Bodenwerte für die Dimensionierung und die konstruktiven Maßnahmen vor der Herstellung der Startbahnen usw. erforderlich. Auf dieses Problem wird im Rahmen des Abschnittes E noch weiter eingegangen.

Auf eine Berücksichtigung der vorhandenen Bodengüte bei der Auswahl von Flughafengeländen muß heute mehr denn je Rücksicht genommen werden. Der Forderung, möglichst nur ein Gelände mit geringer Bodengüte auszusuchen, sollte nach Möglichkeit auch entsprochen werden.

Zur Durchführung eines eingehenden Vergleichs bei verschiedenen für den Flughafen in Frage kommenden Geländeflächen wird zweckmäßig eine Bewertung der Planungsfaktoren vorgenommen und für jedes Gelände eine Wertungszahl eingeführt.

a) Bewertung der Planungsfaktoren 1.—5.:

α) Hindernisfreiheit der Flughafenumgebung im Hinblick auf die Anordnung der Anflugsektoren und der Flugbetriebsflächen nach günstiger Betriebsabwicklung bei größter Flugsicherheit und Erweiterungsmöglichkeit . . . . 3fach[1]

---

[1] Mit Rücksicht auf den Vorrang des Sicherheitsfaktors vor den übrigen genannten Gesichtspunkten.

β) Meteorologische und klimatische Verhältnisse als wesentliche Funktion bei der Bestimmung des Systems der Flugbetriebsflächen 1,5fach

γ) Lage des Flughafengeländes zu den vorhandenen Verkehrseinrichtungen, sowohl für den unmittelbaren Anschluß (Straßen- und Eisenbahnanschluß), als auch hinsichtlich der Lage zur Reichsautobahn 1fach

δ) Topographische Verhältnisse des Geländes im Hinblick auf die Erstellung der Flugbetriebsanlagen 1fach

ε) Vorhandene Bodenkultur und Untergrundverhältnisse im Hinblick auf die landwirtschaftliche Bedeutung und den Bau der befestigten Betriebsflächen 1fach

b) Bewertungsstufen:

Ungeeignet	$= -2$
Wenig geeignet	$= -1$
Geeignet	$= \pm 0$
Gut geeignet	$= +1$
Sehr gut geeignet	$= +2$

Aus der Kombination von a) und b) ergibt sich die Wertungszahl. Ihr Größtwert ist $(3 \times +2) + (1,5 \times +2) + (3 \times +2) = +15$, ihr Kleinstwert $= -15$ und ihr Mittelwert ± 0. Geländeflächen mit negativen Wertungszahlen sind grundsätzlich nicht mehr als ausbauwürdig anzusehen.

Aus dieser generellen Zusammenfassung der wichtigsten Planungsfaktoren und ihrer Bewertung ist zu erkennen, daß eine ganze Reihe von Gesichtspunkten sorgfältig nach betrieblicher Bedeutung und finanziellem Einfluß gegeneinander abgewogen werden müssen, wenn es sich darum handelt, unter verschiedenen Geländen das beste auszuwählen. Diese Tätigkeit bedarf im Hinblick auf die vielen beteiligten Stellen einer sehr geschickten und erfahrenen Handhabung und stellt für den Flughafenbauingenieur eine verantwortungsvolle und schwierige Aufgabe dar.

D. Gestaltung der Betriebsflächen.

1. Anzahl der benötigten Start- und Landebahnrichtungen.

In Abb. 4 ist ein graphisches Verfahren dargestellt, nach dem auf der Grundlage der Ausführungen zu C 2 schnell und einfach die notwendige Anzahl der Startbahnrichtungen ermittelt werden kann. Als Beispiel wurde der Flughafen Hannover-Langenhagen gewählt.

Die im Diagramm der Abb. 2 strahlenförmig aufgetragenen prozentualen Werte werden unmittelbar aus der Tab. 1 übernommen, als Einzelsäulen aufgetragen und in der gezeigten Form horizontal aneinandergereiht. Auf der Abszisse sind die 16 Richtungen mit den Richtungsbezeichnungen 2 bis 32 — jeweils in einer Breite, die dem Winkel von 22,5° entspricht — aufgetragen. 2/18, 4/20, 6/22, 8/24 usw. stellen dabei jeweils eine durchgehende Richtung, z. B. 8/24 = O-W, dar. Auf der Ordinate sind die Anteile der Windstärken in den verschiedenen Richtungen eingetragen, wobei hinsichtlich der Unterteilung in ‰ und Beaufort folgendermaßen vorgegangen wurde:

Bis IV Beaufort ist eine Unterteilung nicht erforderlich, da diese Winde allgemein die zulässige Querwindkomponente V_Q von 6,7 m/s nicht überschreiten. Die darüber hinausgehenden Windstärken müssen entsprechend ihren Anteilen berücksichtigt werden. Diese sind entsprechend der Erläuterung besonders gekennzeichnet. Eine gewisse Zusammenfassung ergibt sich daraus, daß bei einem Seitenwind von 22,5° und $V_Q = 6,7$ m/s eine Windgeschwindigkeit V_S von 63 km/h = VIII Beaufort zugelassen ist, d. h. die Windstärken VI bis VIII aufgenommen werden können. Die Auftragung ergibt demnach die Summenlinie aller Winde in den verschiedenen Richtungen, wobei die Anteile in ‰ der maßgebenden Windstärken V und VI bis VIII besonders hervorgehoben sind.

Bei der Auswertung des Diagramms wird so vorgegangen, daß man die erste und wichtigste Startbahn in die beiden, eine durchlaufende Richtung ergebenden Säulen legt, die zusammen den größten Anteil an schädlichen Winden auf sich vereinigen. Im Zweifelsfall sind verschiedene Varianten zu untersuchen. Anschließend wird überprüft, wieviel schädliche Windanteile in den anderen Richtungen durch diese erste Startbahn nicht aufgenommen werden können.

Hierbei wird die ganze Säulenbreite von 22,5°, in der die gewählte Startbahnrichtung liegt, als engerer Startbahnbereich betrachtet und bei der weiteren Prüfung nicht von der Linie der Startbahnrichtung, sondern von den beiden Säulenrändern ausgegangen. Diese hinsichtlich des

Winkelbereichs etwas großzügige Handhabung ergibt für die generelle Ermittlung der Anzahl der benötigten Startbahnen ausreichend genaue Werte und dürfte in ihrer Exaktheit etwa im richtigen Verhältnis zur Genauigkeit und Durchführung der gebräuchlichen Windmeßverfahren stehen, die

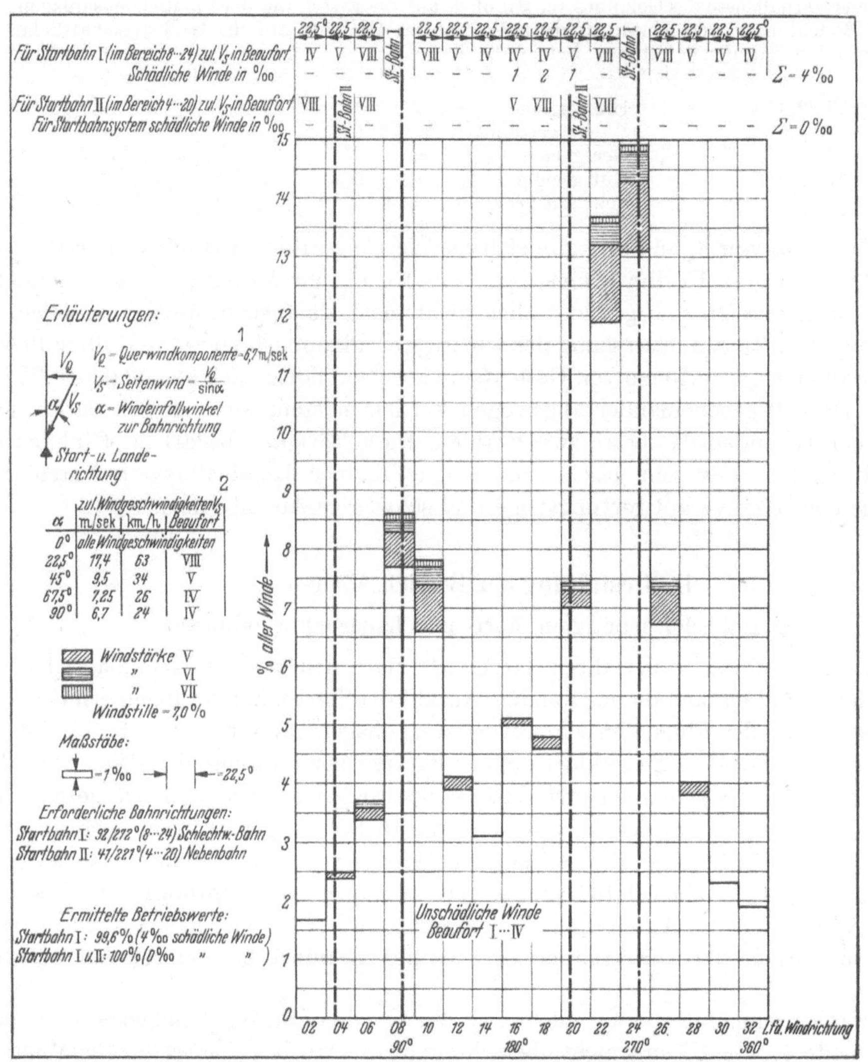

Abb. 4. Bestimmung der benötigten Anzahl von Startbahnrichtungen für den Flughafen Hannover-Langenhagen
(1935—1944 und 1946—1950).

eine mathematisch exakte Auswertung der Beobachtungszahlen nicht folgerichtig erscheinen lassen.

Die Festlegung des engeren Startbahnbereichs von 22,5° bzw. ± 11,25° trifft im vorliegenden Fall die Richtung 8/24. Innerhalb dieses Bereichs kann ohne nennenswerte Beeinflussung des Betriebswertes eine Drehung der Startbahn aus Gründen der Hindernisfreiheit, Geländeneigung und Erdmassenbewegung erfolgen.

Es wird nun oberhalb der Säulenreihe für jede Richtung die für die Startbahn I im Bereich 8/24 zulässige Windgeschwindigkeit V_S gemäß Erläuterung 1 und 2 in Abb. 4 angeschrieben. Nun wird jede Richtung überprüft, ob und um wieviel ‰ die für sie angeschriebene Windgeschwindigkeit überschritten wird. Die nicht aufgenommenen schädlichen Winde in ‰ werden in den einzelnen Richtungen darunter vermerkt. Es ergibt sich, daß in Richtung 16, 18 und 20 1, 2 und 1 ‰ = zusammen 4 ‰ durch die Startbahn I nicht aufgenommen werden. Der Betriebswert dieser Startbahn beträgt damit 100-0,4 = 99,6 %.

Untersucht man noch, wann ein Betriebswert von 100% erreicht wäre, so zeigt sich, daß dies mit einer zweiten Startbahn der Fall ist, die in den Richtungsbereich zu liegen kommt, in dem die vorgenannten, durch die erste Startbahn nicht aufgenommenen schädlichen Winde auftreten.

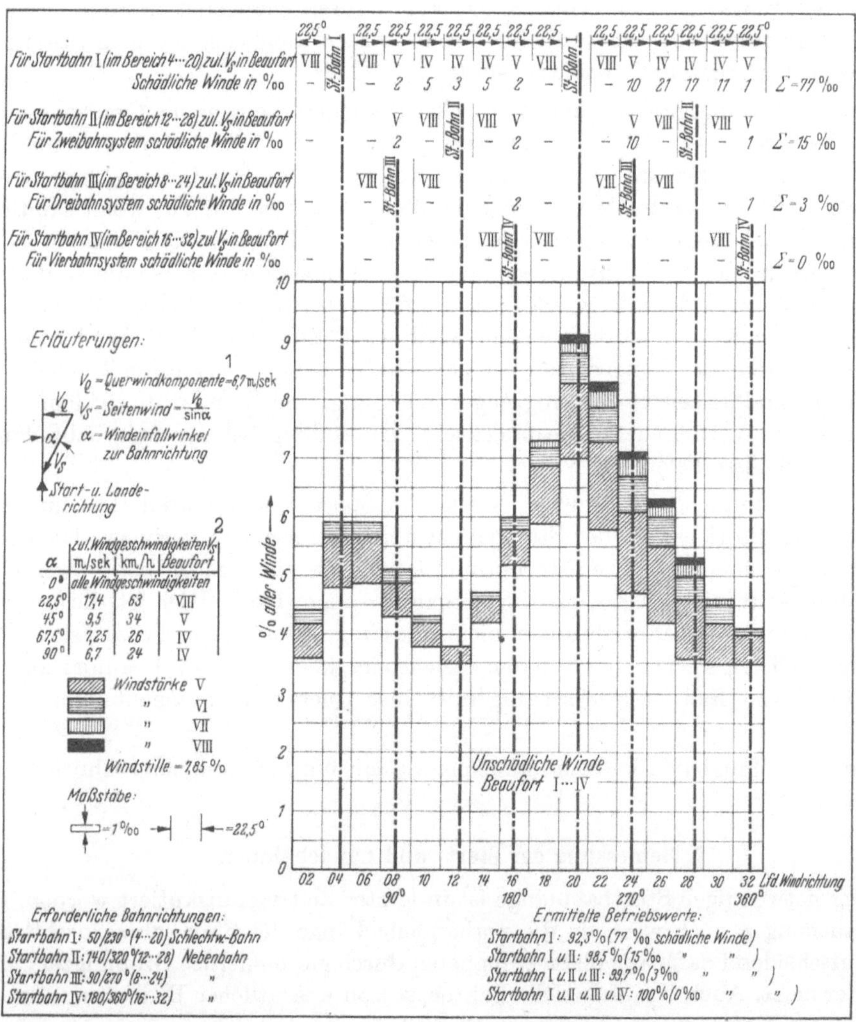

Abb. 5. Bestimmung der benötigten Anzahl von Startbahnrichtungen für den Flughafen Amsterdam-Schiphol (1931—1939).

Die Umrechnung von Beaufort in km/h usw. wird seit 1945 bzw. 1949 nach dem neuen internationalen Wetterschlüssel wie folgt vorgenommen:

Beaufort	m/s	km/h	mph	Knoten
0	0 —0.2	1	1	1
I	0.3—1.5	1—5	1—3	1—3
II	1.6—3.3	6—11	4—7	4—6
III	3.4—5.4	12—19	8—12	7—10
IV	5.5—7.9	20—28	13—18	11—15
V	8.0—10.7	29—38	19—24	16—21
VI	10.8—13.8	39—49	25—31	22—27
VII	13.9—17.1	50—61	32—38	28—33
VIII	17.2—20.7	62—74	39—46	34—40 usw.

Bei Statistiken vor 1945 wurde im allgemeinen nach der internationalen Umrechnungsskala von 1926 gearbeitet.

In derselben Weise wie in Abb. 4 ist in Abb. 5 auch ein Beispiel für den Weltflughafen Amsterdam-Schiphol durchgeführt, wobei sich für eine Startbahnrichtung ein Betriebswert von 92,3%, für 2 von 98,5, für 3 von 99,7 und für 4 von 100 % ergibt.

In beiden Fällen ist, da es sich nur um die Erläuterung des Verfahrens handelte, mit dem Jahresmittel der Beobachtungswerte für eine Reihe von Jahren gerechnet worden. Dies ergibt etwas zu günstige Betriebswerte. In der Praxis sollten möglichst die ungünstigsten Monats- oder Vierteljahreswerte benutzt werden.

Sind die übrigen Planungsgesichtspunkte berücksichtigt und die genauen Gradzahlen der Startbahnrichtungen festgelegt, kann der Betriebswert vergleichsweise durch eine rechnerische Auszählung der schädlichen Windstärkewerte ermittelt werden. Diese Handhabung läßt aber, wie erwähnt, eine mathematisch exakte Bestimmung des Betriebswertes nur zu, wenn sämtliche unter einem beliebigen Winkel aufgetretenen Winde dabei berücksichtigt werden können. Bei der üblichen Zusammenfassung der Beobachtungswerte in 16 Richtungen müßte bei dieser Bestimmungsart wieder eine Aufspaltung der Werte erfolgen, die den tatsächlichen Verhältnissen nur bedingt entspricht. Betrachtet man die verschiedenen variablen Faktoren bei der Windbeobachtung — Windschwankungen, Höhe des Meßgerätes über dem Boden usw. — sowie die Tendenz zur geringeren Seitenwindempfindlichkeit in der Flugzeugentwicklung, so kommt man zu dem Schluß, daß das gezeigte graphische Verfahren für die praktische Anwendung bei der Startbahnplanung ausreichend genaue Ergebnisse liefert.

Für seitenwindempfindlichere Flugzeuge, wie sie im Sport- und privaten Reiseflugverkehr benutzt werden, ist der Betriebswert des Startbahnsystems naturgemäß geringer. Diese Flugzeuge können zwar im allgemeinen auf Rasen starten und landen, sie sind jedoch bei schweren Böden in der kritischen Jahreszeit vielfach auch auf Startbahnen angewiesen. Hier ist darauf zu achten, daß durch die gewählten Startbahnrichtungen nicht nur ein größtmöglicher Prozentsatz von starken Winden, sondern auch ein solcher von Winden gleich oder kleiner als IV Beaufort aufgenommen werden kann. In diesem Fall ist zweckmäßig mit einer Querwindkomponente von 18 km/h zu rechnen.

Auf den deutschen Flughäfen kann im allgemeinen mit ein bis zwei Startbahnrichtungen ausgekommen werden.

2. Bemessung der Start- und Landebahnen.

Die Frage der notwendigen Startbahnlänge ist in letzter Zeit viel diskutiert worden. Sie ist besonderer Untersuchungen auch wert, da die vorhandene Länge der Startbahn einschließlich ihrer Tragfähigkeit entscheidend dafür ist, ob ein Flughafen durch ein modernes Großflugzeug angeflogen werden kann oder nicht. Auch der finanzielle Faktor ist von wesentlicher Bedeutung, da der Startbahnbau den größten Kostenaufwand beim Flughafenbau erfordert.

Die für die Startbahnlänge maßgebenden Faktoren sind:

Leistungsmerkmale des Flugzeugs; — Luftdichte; — Windeinfluß; — Neigung der Startbahn; — Rollreibungs- und Gleitwiderstand der Startbahnoberfläche.

Grundsatz ist, daß ein startendes Flugzeug im Falle eines Motorendefektes beim Erreichen der kritischen Geschwindigkeit noch sicher landen bzw. ausrollen kann. Die zusätzlichen Faktoren, die eine Verlängerung des Grundmaßes bedingen, können für die deutschen Flughäfen etwa 10%, in heißeren und höher liegenden Gebieten wesentlich mehr betragen.

Untersuchungen und Erfahrungen aus der Praxis führten zu der Feststellung, daß für deutsche Flughäfen für die nächsten Jahre mit einer Grundlänge von 1800 m für Kontinentalflughäfen und 2150 m für Interkontinentalflughäfen ausgekommen werden kann. Diese Längen entsprechen den Mindestanforderungen der Klasse C und B der ICAO. Daß darüber hinaus jede Erweiterungsmöglichkeit für die Startbahnen offengehalten werden muß, ist selbstverständlich und sollte, wie gesagt, von vornherein im Generalausbauplan berücksichtigt sein.

3. Gestaltung des Systems der befestigten Betriebsflächen.

Vor der eigentlichen Planung des Systems der befestigten Flächen hat der Flughafenbauingenieur nach den seitherigen Ausführungen Klarheit geschaffen über:

a) Anzahl und Bemessung der benötigten Start- und Landebahnen unter Berücksichtigung der meteorologischen Einflüsse und der eingesetzten Flugzeugtypen.

b) die Hindernisse in der Flughafenumgebung,

c) den voraussichtlichen Umfang der Flugzeugbewegungen in der Stunde des stärksten Verkehrs, sowie die Daten und Eigenschaften der in Frage kommenden Flugzeugtypen.

Bei der Durchführung der Entwurfsarbeiten muß er sich klar sein, daß im Flugwesen eine ständige Weiterentwicklung im Gange ist, der in verantwortungsbewußter Weise Rechnung zu tragen ist. Spätere Änderungen der Grundplanung erweisen sich oft als unmöglich und sind in jedem Falle äußerst kostspielig.

Für die Gestaltung des befestigten Flächensystems gibt es keine feststehende Norm, sondern nur einige Grundformen, die in einer Vielzahl von durch die örtlichen Verhältnisse wesentlich beeinflußten Variationen zur Anwendung gelangen können. Es bleibt dem Können des verantwortlichen Flughafenplaners vorbehalten, das betrieblich und finanziell günstigste System zu wählen.

Die Grundformen, von denen nach Ermittlung der benötigten Anzahl von Startbahnrichtungen im Einzelfall auszugehen ist, sind:

a) Ein-Startbahnsystem; — b) Zwei-Startbahnsystem in L-, T-, V- oder X-Form; — c) Drei-Startbahnsystem unter 60°; — d) Vier-Startbahnsystem unter 45°.

Das letztere kommt nicht mehr oder nur noch in Sonderfällen bei außergewöhnlichen meteorologischen Verhältnissen zur Anwendung und erfordert durch seinen erheblichen Bedarf an befestigten und unbefestigten Flächen einen wesentlich größeren finanziellen Aufwand als die übrigen Systeme. Dasselbe gilt in erhöhtem Maß für das Sechs-Startbahnsystem unter 30°, das nach den neuesten Erkenntnissen auch für Weltflughäfen mit vielseitiger Windstärkeverteilung nicht mehr erforderlich scheint.

Das gewählte System mit den örtlich bedingten Besonderheiten wird zunächst für Einzelbahnen ausgebaut. Die Planung sollte aber für die Zukunft auch Parallelbahnen vorsehen. Die letzteren werden erforderlich, wenn das Verkehrsaufkommen größer wird als die Leistungsfähigkeit des Einzelbahnsystems, die unter normalen Bedingungen bei 40 Bewegungen (Starts + Landungen) pro Stunde liegt. Es muß dann zur gleichzeitigen Durchführung eine räumliche Trennung der Start- und Landevorgänge erfolgen. Unter Schlechtwetterbedingungen beträgt

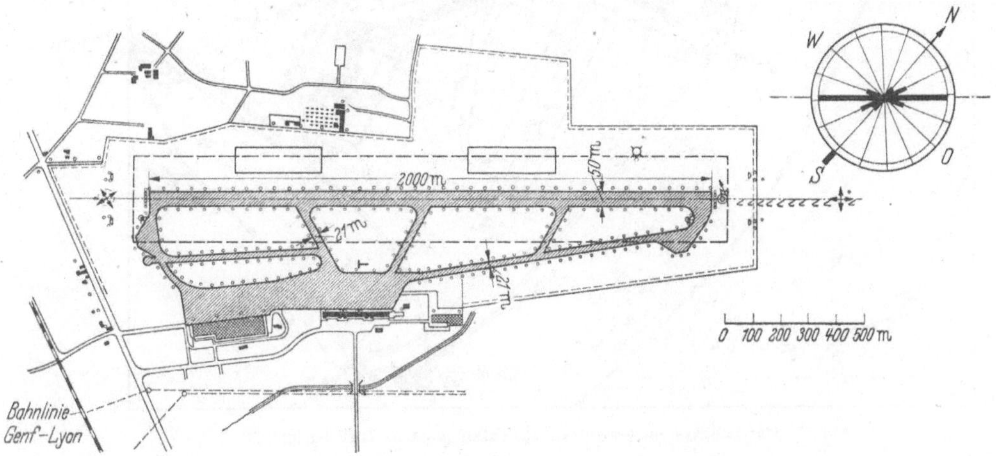

Abb. 6. Genf-Cointrin als typischer Kontinentalflughafen mit nur einer Startbahn.

die Leistung heute nur etwa 20 bis 40% dieser Zahl und es muß als vordringliche Forderung bezeichnet werden, die Leistungsfähigkeit im Schlechtwetterlandebetrieb zu erhöhen.

Bei der Berücksichtigung zukünftiger Parallelbahnen ist zu überlegen, ob eine seitliche oder zentrale Lage der Bauzone zum Startbahnsystem die zweckmäßigere Lösung darstellt. Die Wahl hängt entscheidend von der Bedeutung des Flughafens und seinem zu erwartenden Verkehrsumfang ab. Das Radial- und Tangentialsystem mit zentraler Abfertigungszone kommt im allgemeinen nur für große Weltflughäfen in Frage. Es hat betrieblich große Vorzüge, erfordert aber

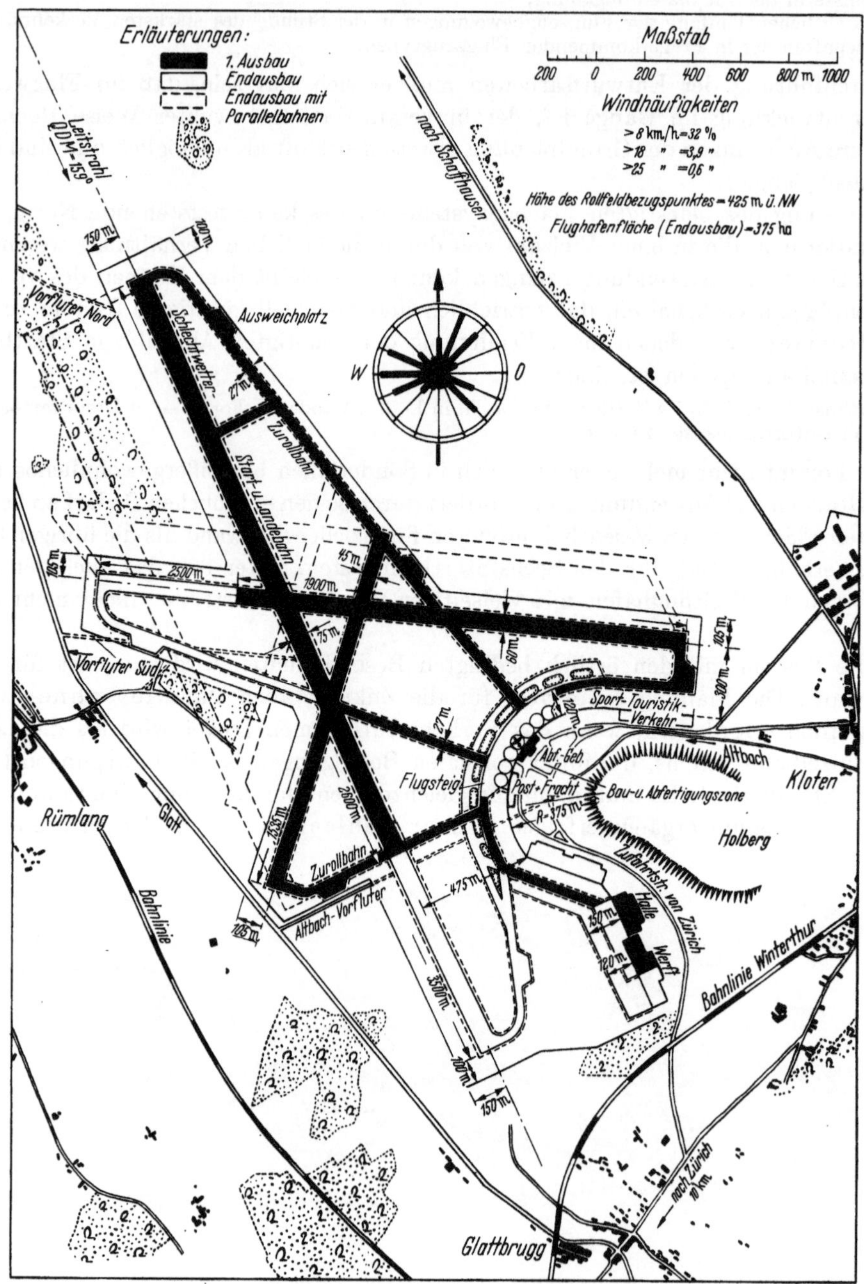

Abb. 7. Startbahnsystem des Interkontinentalflughafens Zürich-Kloten.

einen großen Flächenbedarf und eine großzügige Endausbauplanung der Bauzone, da deren spätere Erweiterung nicht mehr möglich ist. Bei diesen Systemen ergibt sich zwangsläufig ein großer Abstand zwischen den Parallelbahnen, für den die Mindestmaße bei 210 m für Schönwetter- und 450 m für Schlechtwetterstart- und Landebahnen liegen.

Die Abb. 6 zeigt den Kontinentalflughafen Genf-Cointrin als typisches Beispiel für einen Flughafen mit nur einer Startbahn. Die hier eindeutig vorherrschende Windrichtung ist durch die Lage der Gebirgszüge bedingt.

In Abb. 7 ist der Interkontinentalflughafen Zürich-Kloten wiedergegeben als Beispiel für einen Flughafen mit Drei-Bahnsystem. Der erste Ausbau des Start- und Zurollbahnsystems, der fertiggestellt ist und der Klasse B 1 der ICAO entspricht, ist schwarz angelegt, der mögliche Endausbau des Einzelbahnsystems zu Klasse A 1, ebenso die Möglichkeit der Anordnung von Parallelbahnen ist besonders gekennzeichnet. Die Bauzone zeigt die vorgeschobene Seitenlage.

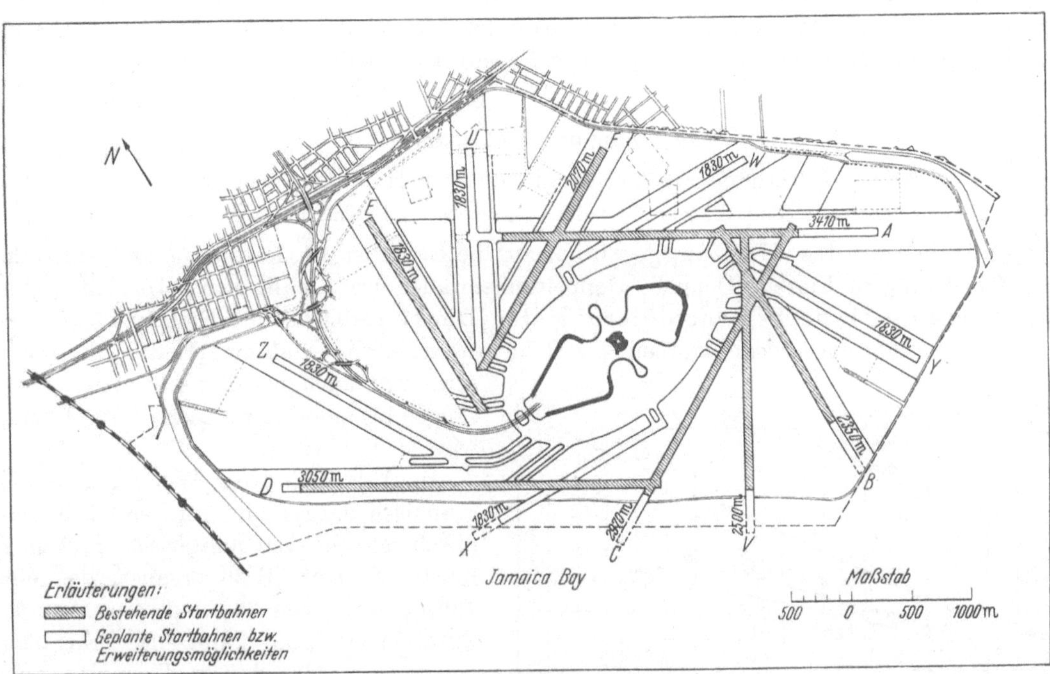

Abb. 8. Startbahnsystem des Weltflughafens New York-Idlewild.

Abb. 8 stellt den Weltflughafen New York-Idlewild als Typ des Flughafens mit tangentialem Parallelstartbahnsystem dar mit zentraler Lage der Bau- und Abfertigungszone. Das Drei-Bahnsystem (unter 60°) in Parallelanordnung ist größtenteils in Betrieb, von der im Lageplan für die Zukunft vorgesehenen Ergänzung zum Sechs-Bahnparallelsystem (unter 30°) ist eine Einzelbahn ebenfalls schon vorhanden. Die derzeitigen Ausbaulängen der Startbahnen schwanken hier zwischen 1830 und 2850 m.

E. Stärke und Konstruktion der befestigten Flächen.

1. Allgemeine bautechnische Gesichtspunkte.

Bei der bautechnischen Gestaltung der befestigten Flächen kann davon ausgegangen werden, daß im allgemeinen straßenbauähnliche Bauweisen zur Anwendung gelangen. Während des Krieges ist eine Anzahl von Schnell- und Behelfsbauweisen entwickelt worden, auf die aber hier nicht näher einzugehen ist. Gegenüber den starren und nichtstarren Bauweisen im Straßenbau sind jedoch beim Startbahnbau wichtige Besonderheiten zu beachten:

a) Die Belastungen sind wesentlich höher.

b) Die Deckenstärken sind damit größer.

c) Es ist kein Spurverkehr und keine nachträgliche Komprimierung der Decke durch den Verkehr vorhanden, so daß grundsätzlich dicht geschlossene Decken erforderlich sind.

d) Der in absehbarer Zeit in Frage kommende Einsatz von Düsenverkehrsflugzeugen erfordert eine sehr widerstandsfähige Oberfläche.

e) Die Entwässerung der ausgedehnten Flächen macht besondere Maßnahmen notwendig.

Für die Konstruktion der Startbahnen selbst ist noch eine Reihe von Einzelheiten zu beachten, die hier nicht behandelt werden können. Die Herstellung von Betondecken erfolgt üblicherweise mit den Autobahngeräten, deren Verdichtungswirkung jedoch für diese Deckenstärken meist nicht ausreichend ist. Eine zusätzliche Verdichtung mit Hilfe von Innenrüttlern hat sich gut bewährt. Bei Betonstartbahnen sollte eine Biegezugfestigkeit von mindestens 48 kg/qcm vorgeschrieben werden.

Düsenflugzeuge können je nach Anordnung der Triebwerke durch Strahl-, Hitze- und Treibstoffeinwirkung besonderen Einfluß auf die Deckenoberfläche ausüben. Hierüber sind Untersuchungen im Gange. Es kann heute schon gesagt werden, daß die Stand- und Abbremsflächen für Düsenflugzeuge zweckmäßig nur in hochwertiger Betonbauweise hergestellt werden sollten, für die eine gegen die obengenannten Einflüsse unempfindliche Fugenvergußmasse benötigt wird.

2. Ermittlung der Deckenstärke.

Die Deckenstärke der befestigten Flächen hängt von zwei Hauptfaktoren ab:

a) Gesamtgewicht und maßgebende Einzelradlast des Flugzeuges; — b) Tragfähigkeit des Planums.

Für die **Verteilung des Flugzeuggewichts** auf die Decke ist die Gestaltung des Fahrwerks und seine Gliederung in Einzel-, Doppel-, Doppeltandemräder usw., maßgebend. In Tab. 2 sind die Gewichte und die für die **Dimensionierung der Decke** maßgebenden Einzelradlasten der modernen Verkehrsflugzeuge wiedergegeben. Es ist hieraus erkennbar, daß eine Einzelradlast von etwa 27 t auch bei den schwersten Flugzeugen bis auf weiteres nicht überschritten wird.

In Abb. 9 sind die Werte der Tab. 2 graphisch dargestellt und vergleichsweise durch das schwerste militärische Flugzeugmuster Convair B 36 ergänzt, das eine Einzelradlast von 36 t aufweist. Aus der Zusammenstellung kann die Erkenntnis gewonnen werden, daß im allgemeinen auch für große Flughäfen mit interkontinentalem Verkehr mit einer Zugrundelegung von 27 t Einzelradbelastung auszukommen ist.

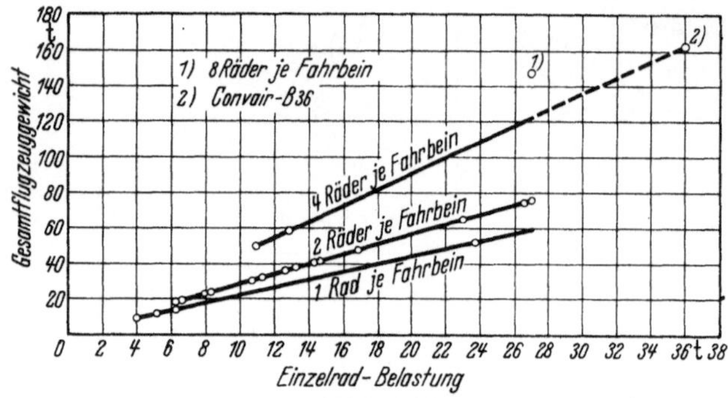

Abb. 9. Einzelradbelastung in Abhängigkeit vom Flugzeuggewicht und der Fahrwerksunterteilung.

Weiter ist zu beachten, daß nicht nur die Größe der Einzelradlast, sondern auch die Frequenz des Verkehrs die Größe der Deckenstärke beeinflussen. Je größer die Frequenz der auftretenden Belastungen ist, desto stärker soll die Decke bemessen werden. Andererseits ist klar, daß die schwersten Flugzeuge einen Flughafen in geringerer Frequenz anfliegen als die leichteren.

Der **Untergrund**, auf den die Befestigung zu liegen kommt, soll über die ganze Fläche von möglichst gleichförmiger Beschaffenheit sein. Seine Tragfähigkeit kann nach verschiedenen in der Bodenmechanik gebräuchlichen Verfahren bestimmt werden. Wichtig ist, daß nicht nur Laborversuche, sondern auch Feldversuche mit Lastenplatten an Ort und Stelle durchgeführt werden.

Aus dem Ergebnis einer geologischen Überprüfung der zu befestigenden Fläche und einer Bodenanalyse läßt sich der Umfang der notwendigen Untersuchungen ableiten. Je nach der sich ergebenden Belastbarkeit des Planums, der Frostempfindlichkeit und -eindringungstiefe und den Entwässerungsbedingungen muß die Notwendigkeit, Stärke und Zusammensetzung einer besonderen **Unterbauschicht** bestimmt werden. Eine gute Verdichtung des Planums sowie des Unterbaues mit Vibrations- und Stampfgeräten ist in jedem Fall sehr wichtig.

Bei der Ermittlung der Deckenstärke ist nach starren und nichtstarren Konstruktionen zu unterscheiden.

a) Starre Decken. Hier wird neben einer Reihe von anderen Formeln hauptsächlich nach dem Verfahren von Westergaard gearbeitet, wobei der Planumsmodul K (Bettungsziffer) bei der theoretischen Ermittlung der Spannungen verwendet wird. Der K-Wert wird aus Belastungsversuchen am optimal feuchten Untergrund — nach der amerikanischen Handhabung mit einer Lastenplatte von 76 cm Durchmesser — bestimmt als Belastung in kg/qcm geteilt durch die Verformung in cm.

Tabelle 2. *Gewichte und Einzelradlasten moderner Flugzeuge[1].*

Flugzeugmuster	Gewicht kg	Räder pro Fahrbein	Entspr. Einzelradlast[2] kg	Reifendruck kg/qcm
1	2	3	4	5
Bristol Brabazon	148 500	8	27 000	7,8
SNCASE — SE — 2010	75 000	2	26 600	9,3
Boeing Stratocruiser	66 000	2	23 000	8,4
Bristol 175	59 000	4	12 800	8,7
Republic	52 750	1	23 700	7,1
De Havilland Comet	50 000	4	10 900	8,4
Lockheed 749-A :	48 000	2	16 800	8,4
,,　　Constellation	41 750	2	14 600	5,1
Douglas DC-6	41 000	2	14 300	7,7
Hermes 5	38 000	2	13 200	5,4
Canadair DC-4M	36 000	2	12 600	6,3
Douglas DC-4	33 000	2	11 500	6,3
A. V. Roe C-102	30 500	2	10 700	5,2
Ambassador Airspeed	23 500	2	8 300	5,4
Vickers Viscount	22 500	2	7 900	5,9
Martin 404	19 000	2	6 600	4,1
Convair 240	18 000	2	6 300	6,6
Martin 202	18 000	2	6 300	4,2
Super DC-3	14 000	1	6 300	4,2
DC-3	11 500	1	5 150	3,5
Beech Twin Quad	8 800	1	4 000	4,2

Bei Zugrundelegung von Belastung in Plattenmitte müssen alle Fugen kraftübertragend ausgebildet werden, andernfalls muß den höheren Rand- und Eckspannungen durch größere Plattendicke oder Bewehrung Rechnung getragen werden. Die Nebenspannungen aus Temperatur, Schwinden usw. müssen entweder durch Berechnung oder in Form eines Sicherheitsfaktors berücksichtigt werden. Für Startbahnen wird üblicherweise mit einem Sicherheitsfaktor von 1,5 gerechnet. Das Diagramm der Abb. 10 gibt eine Übersicht, in welchem Bereich sich die Deckenstärken bei einer Biegezugbeanspruchung von 36 kg/qcm in Abhängigkeit von Radlast und K-Wert etwa bewegen. Neuere Feststellungen besagen, daß die Deckenstärken, die sich nach der Westergaard'schen Formel ergeben, im allgemeinen etwas überhöht sind.

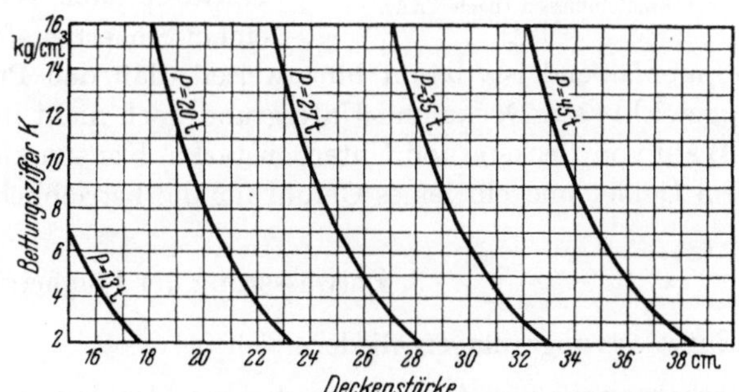

Abb. 10. Die Deckenstärke von Betonstartbahnen in Abhängigkeit von Radlast, Boden- und Betonfaktoren (Biegezugbeanspruchung σ = 36 kg/cm²).

Die Methode der CAA[3] beruht auf praktischen Erfahrungen mit bestehenden Decken unter besonderer Berücksichtigung einer Bodenklassifizierung und der Frost- und Entwässerungsbedingungen.

---

[1] ICAO, Annex 14.

[2] Die entsprechende Einzelradbelastung wurde festgesetzt auf:

　　　　0,45 des Flugzeuggewichtes für 1 Rad pro Fahrbein,
　　　　0,35　,,　　　　　　,, 2 Räder pro Fahrbein
　　　　0,22　,,　　　　　,,　,, 4　,,　　,,　　,,
　　　　0,18　,,　　　　　,,　,, 8　,,　　,,　　,,

[3] Airport Paving, U.S. Department of Commerce, Civil Aeronautics Administration, 1948.

b) Nichtstarre Decken. Bei nichtstarren Decken wird zur Ermittlung der Tragfähigkeit des Untergrundes vor allem in USA vielfach mit dem CBR-Wert (California Bearing Ratio) gearbeitet. Dieser stellt das Verhältnis der Lasten in Prozent dar, die notwendig sind, um einen Stempel von etwa 20 qcm Grundfläche einmal in eine optimal feuchte Bodenprobe und zum andern in eine Standardprobe kompakten Schotters 2,5 mm einzudrücken.

In Abb. 11 sind auf Erfahrungswerten aufgebaute Bemessungskurven der CAA für nichtstarre Startbahndecken dargestellt, die von Radlast, Bodeneigenschaften, Entwässerungs- und Frosteinflüssen abhängen. Die Böden sind gemäß Siebanalyse, Fließgrenze und Plastizitätszahl in 13 Arten eingeteilt, wobei E-1 die beste, E-13 die schlechteste (Sumpf und Moor) Bodenart bezeichnet. Diese Bodengruppen sind, je nachdem, ob gute oder schlechte Entwässerung und gleichzeitig Frostgefahr oder nicht besteht, in Untergrundklassen Fa, F 1 bis F 10 eingeteilt. Es wird also zunächst die Bodengruppe E ... und dann die Untergrundklasse F ... ermittelt, dann kann aus den Kurven der Abb. 11 für eine bestimmte Einzelradlast einmal die Unterbaustärke und im oberen Teil auch die Deckenstärke abgelesen werden.

Auf den Startbahnenden, Zurollbahnen und Vorfeldern ist die Beanspruchung von Decke und Unterbau infolge des Aufsetzens, der langsam sich bewegenden Last, teilweisem Spurverkehr, ruhender Last und den Vibrationseinwirkungen beim Abbremsen der Motoren größer als auf dem Hauptteil der Startbahn, wo bei höherer Geschwindigkeit durch die Auftriebswirkung nur ein Teil der Last nach unten übertragen werden muß. Auf den erstgenannten Flächen muß daher die Befestigung stärker bemessen werden als auf der Startbahn. Das Verstärkungsmaß beträgt nach den amerikanischen Erfahrungen etwa 20—25%. Bei der Ermittlung der Deckenstärke für Betonbauweise nach Westergaard wird hier im allgemeinen mit einem Sicherheitsfaktor von 2,0 gerechnet.

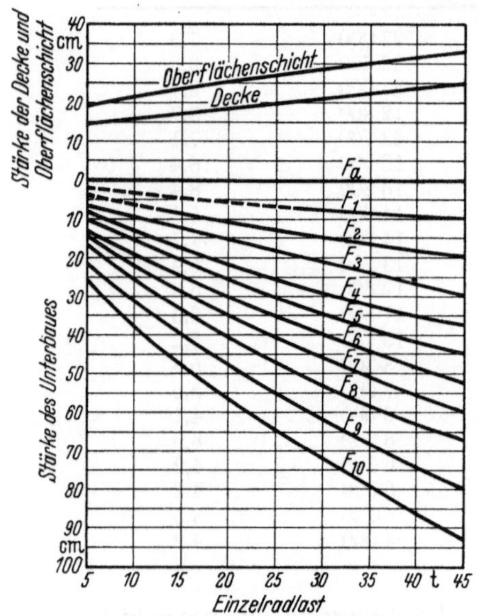

Abb. 11. Die Bemessung von nichtstarren Startbahndecken in Abhängigkeit von Radlast, Bodeneigenschaften, Entwässerungs- und Frosteinflüssen (nach CAA).

Zusammenfassend ist darauf hinzuweisen, daß das Problem der vielseitigen Einwirkung des Flugzeuggewichts auf Decke und Untergrund noch nicht in allen Teilen erschöpfend gelöst ist. Die richtige Wahl von Decken- und Unterbaustärke, Konstruktion und Bauweise setzt große Erfahrung auf diesem Gebiet und ein feines Gefühl für die betrieblichen Zusammenhänge voraus.

3. Entwässerung der Flugbetriebsflächen.

Die Entwässerungsanlagen gliedern sich in:

A. Vorkehrungen zur Auffangung der von den befestigten Flächen abfließenden Oberflächenwässer (Entwässerungsrinnen).

B. Dränagen und Sickerungen (Rigolen) zur Aufnahme von Sickerwasser zum Zwecke der Planums- und Untergrundentwässerung (Sauger, Neben- und Hauptsammler, sowie Sickerungen).

C. Leitungen zur Abführung des von den Rinnen aufgefangenen Oberflächenwassers sowie des Wassers aus Dränagesammlern (Entwässerungsleitungen unter Geländeoberfläche).

D. Leitungen (Verrohrungen) als Ersatz vorhandener offener Gräben im Bereich der Flugbetriebsflächen.

Die Anlagen nach A können entsprechend ihrem Fassungs- und Abführungsvermögen die Anlagen nach C teilweise ersetzen. Ferner können die Leitungen nach C und D, soweit möglich und zweckmäßig, kombiniert werden.

a) Befestigte Flächen. Die Startbahn erhält je nach beidseitigem oder einseitigem Quergefälle an beiden oder nur an einer Seite (Talseite) eine Entwässerungsrinne zur Aufnahme des Oberflächenwassers. Ein kastenförmiger Querschnitt der Rinne und Abdeckung mit gelochten Formsteinen hat sich am besten bewährt. Auf der Bergseite ist zusätzlich eine Entwässerungsrigole zur Verhinderung des Eindringens von Sicker- und Schichtwasser in den Unterbau vorzusehen. Diese Rigole ist mindestens 40 cm unter Startbahnplanum zu führen, so daß ihre Unterkante (Dränrohr) mindestens 1,0 m unter Gelände liegt.

Auf der Talseite ist eine zusätzliche Rigole dort erforderlich, wo auch das Planum zweckmäßig mit einer Teildränage versehen wird und an besonders feuchten Stellen als Teil einer Dränage. Das von den Rinnen aufgefangene Oberflächenwasser wird in bestimmten Abständen entsprechend dem Fassungsvermögen der Rinne in eine parallel zur Startbahn anzuordnende Hauptentwässerungsleitung eingeleitet. Soweit möglich, kann diese auch zur Entwässerung der Zurollbahnen und als Hauptsammler der Teildränagen dienen.

Die Zurollbahnen erhalten zweckmäßig einseitiges Quergefälle, damit eine der beiden Rinnen eingespart werden kann. Es ist also an der Talseite eine Entwässerungsrinne, an der Bergseite nur eine Rigole in gleicher Ausbildung wie bei der Startbahn vorzusehen.

Wird die Dimensionierung von Rinnen und Leitungen nach den in der Stadtentwässerung üblichen Methoden und Abflußmengen durchgeführt, dann ergeben sich nach langjährigen Erfahrungen unnötig große Querschnitte und damit ein nicht gerechtfertigter, hoher Aufwand. Da bei den Flugbetriebsflächen an die Abflußdauer kein so scharfer Maßstab anzulegen ist, wie bei der städtischen Straßenentwässerung, können die Leitungen für wesentlich geringere Abflußmengen bemessen werden.

b) Unbefestigte Flächen. Die unbefestigten Flächen werden nur nach Bedarf entsprechend den örtlichen Verhältnissen an besonders feuchten Stellen, abflußlosen Geländemulden und im Bereich früherer, zu verlegender Entwässerungsgräben mit Teildränagen versehen.

Im Bereich der Start- und Landefläche liegende Gräben sind umzulegen oder zu verrohren. Verrohrungen sollten aus wirtschaftlichen Gründen möglichst kurz gehalten werden. Bei der Ausbildung der Verrohrungen ist auf die Belastungen aus dem Flugbetrieb entsprechend der Tiefenlage und den Rohrweiten durch Ummantelung Rücksicht zu nehmen.

F. Flughafenbauzone.

Die Begrenzung der Bauzone gegen die Flugbetriebsflächen ist nach der Anordnung der Startbahnen, Start- und Landeflächen, Zurollbahnen und Vorfeldflächen eindeutig festgelegt. Ihre Ausgestaltung bedarf sorgfältiger Überlegung. Wichtig ist, ob es sich um einen Flughafen mit vorwiegendem End- oder mit überwiegendem Durchgangsverkehr handelt. Der Endflughafen erfordert im Gegensatz zum Durchgangsflughafen besondere Anlagen für die betriebstechnische Betreuung und für die Abstellung der Flugzeuge.

Von den Flughafenbauten muß grundsätzlich verlangt werden, daß sie sinnvoll den heutigen betrieblichen Anforderungen entsprechen und auch anpassungsfähig sind an die künftigen Aufgaben. Die Grundlage für die Planung bildet der Betriebsablauf der Abfertigung und die Verkehrsentwicklung.

Der Schwerpunkt der Bauzone ist das Abfertigungsgebäude, in dem sich befinden:

Fluggast- und Gepäckabfertigung; Flugsicherungs- und Wetterdienst;
Paß-, Zoll- und Gepäckkontrolle; Flughafenverwaltung;
Büros der Luftverkehrsgesellschaften; Restaurant mit Zuschauerterrassen.

Weitere Bauten sind die Flugsteiganlagen, Feuerwache, Flughafenbetriebshof mit Garagen und Werkstätten, Versorgungsanlagen und Tankdienste. Bei größeren Flughäfen sind gesonderte Post- und Frachtgebäude erforderlich. Bei kleinem Verkehrsumfang kann die Post- und Frachtabfertigung gegebenenfalls im Abfertigungsgebäude untergebracht werden.

Die Straßenführung zum Abfertigungsgebäude muß eine sichere und schnelle Zu- und Abfahrt der Kraftwagen ermöglichen. Für die Anzahl der erforderlichen Parkplätze sind nicht nur die Fahrzeuge des Zubringerdienstes und der Fluggäste, sondern in erheblichem Umfang auch der Besuchergäste in Betracht zu ziehen.

G. Flugsicherungseinrichtungen.

Die Flugsicherungsanlagen umfassen im wesentlichen die Befeuerungsanlagen und die Schlechtwetterlandeanlage. Die Bedienung und Überwachung all dieser Anlagen erfolgt vom Kontrollturm aus, von wo die gesamten Bewegungsvorgänge im Flughafenbereich in der Luft und am Boden geleitet und kontrolliert werden. Die Notwendigkeit umfangreicher Fernmeldeanlagen braucht nicht besonders hervorgehoben werden. Die Befeuerungsanlagen umfassen:

1. Hochleistungs-Start- und Landebahnbefeuerung; — 2. Zurollbahnbefeuerung; — 3. Drehscheinwerfer; — 4. Hindernisbefeuerung; — 5. Anflugbefeuerung; — 6. Landerichtungsanzeiger und Lande-T.

Die Anordnung der Start- und Landebahnbefeuerung erfolgt beidseitig entlang der Startbahn im Abstand von etwa 60 m zwischen je 2 Feuern. Die Startbahnenden werden durch Schwellenfeuer gekennzeichnet.

Die Zurollbahnbefeuerung wird ebenfalls beiderseits des Bahnrandes paarweise symmetrisch im Abstand von 50 bis 55 m angeordnet, wobei die Abgänge von der Startbahn durch Doppelfeuer markiert sind. Der Drehscheinwerfer ist im allgemeinen auf dem Dach des Abfertigungsgebäudes eingebaut.

Der besonderen Kennzeichnung der Flughafenbauten, der Schlechtwetterlandeeinrichtungen und der örtlich festzustellenden Außenhindernisse dient die Hindernisbefeuerung.

Die Hochleistungs-Anflugbefeuerung wird im Hauptanflugsektor, in dem die Schlechtwetterlandungen durchgeführt werden, eingebaut. Auf der Anfluggrundlinie wird eine einreihige Feuerkette von 30 Feuern im Abstand von 30 m vorgesehen. Bei jedem fünften Feuer befindet sich senkrecht und symmetrisch zur Anfluggrundlinie ein Querbalken als künstlicher Horizont zur Kontrolle über Fluglage und Entfernung durch den Piloten.

Der Landerichtungsanzeiger ist flach am Boden kurz vor dem Startbahnanfang eingebaut und wird je nach Landerichtung auf der Anflugseite als grüner Pfeil, am entgegengesetzten Ende als rotes Sperrkreuz geschaltet. Das Wind-T mit blauer Neonbefeuerung auf der Hauptanflugseite zeigt dem Flugzeugführer beim Einschweben kurz vor dem Aufsetzen die Richtung des Bodenwindes an.

Die für die deutschen Flughäfen vorgesehenen ILS-Schlechtwetterlandeanlagen bestehen aus dem Ansteuerungssender (Localizer), dem Gleitwegsender, dem UKW-Haupteinflugzeichensender mit Mittelwellenstandortsender und dem UKW-Voreinflugzeichensender mit Mittelwellenzielflugfunkfeuer. Diese Einrichtungen müssen im Rahmen gewisser Richtmaße an störungsfreien Standorten angeordnet werden.

H. Bauhöhenplan für die Flughafenumgebung.

Der genehmigte Generalausbauplan des Flughafens bildet die Grundlage für die Aufstellung des Bauhöhenplanes für die Flughafenumgebung nach den gesetzlichen Vorschriften. Dieser ist für die Stadtplanung von besonderer Bedeutung. Dem endgültigen Bauhöhenplan muß meist ein vorläufiger vorausgehen, zu dem die interessierten Stellen sich zum Zwecke der Abstimmung der Belange äußern können. Der durch die zuständige Luftfahrtbehörde genehmigte Bauhöhenplan enthält die Bauhöhenbeschränkungen in den im LVG festgelegten Bereichen und dient den örtlichen Baugenehmigungsbehörden als Arbeitsunterlage. Er wird auch allen nicht der Baugenehmigungspflicht unterliegenden Stellen zugeleitet, wodurch sichergestellt werden soll, daß nach der Genehmigung des Flughafens keine Bauten in seiner Nähe erstellt werden, die die Sicherheit seines Betriebes und seine Erweiterungsfähigkeit beeinträchtigen könnten.

J. Geländebedarf und Baukosten.

Bis zur Zeit vor dem zweiten Weltkrieg betrug der Geländebedarf für einen Flughafen im allgemeinen höchstens 100 bis 150 ha. Trotz des Abgangs vom Kreis- bzw. elliptischen Flächensystem werden heute durch die zunehmenden Startbahnlängen größere Flächen benötigt. Der Mindestbedarf für den ersten Bauabschnitt eines Kontinentalflughafens mit einer Startbahn beträgt rund 200 ha. Der erste Ausbau des in der Abb. 7 gezeigten Flughafens Zürich umfaßt ein Gelände von 280 ha, bei Ausbau zu Klasse A wird er 375 ha benötigen.

Die Baukosten betragen bei einem bescheidenen ersten Ausbau mit einer Startbahn und Zurollbahn, Vorfeld, einem kleinen Abfertigungsgebäude mit Nebenanlagen mindestens 12 bis 15 Millionen DM. Der Ausbau des Flughafens Zürich zum Kontinentalflughafen hat über 110 Millionen Schw. Frcs. erfordert. Im Vergleich dazu wurden zum Ausbau des Flughafens Amsterdam-Schiphol bis 1950 72 Millionen Gulden aufgewandt.

Die Untersuchung, auf welche Fachgebiete die Kosten entfallen, ergibt für das Bauingenieurwesen mit den gesamten Betriebsflächen, Hallen und Straßen 70%, für den Architekten mit der Gestaltung von Abfertigungsgebäude und Betriebshof 15%, auf Flugsicherungs- und Fernmeldeanlagen entfallen 10% und auf den Maschinenbauer rund 5%. Daraus läßt sich die Wichtigkeit und der Umfang der notwendigen fachlichen Zusammenarbeit bei Planung und Bau von Flughäfen erkennen. Die führende Stellung bei der Bewältigung dieser Aufgaben nimmt der Bauingenieur ein, dem damit eine sehr interessante und verantwortungsvolle Tätigkeit zufällt.

II. Anwendung der technischen Planungsgrundsätze auf das Beispiel des Flughafens Niedersachsen.

A. Flugbetriebstechnische Forderungen an das Gelände.

Das gesuchte Gelände wird zwar vorläufig nur einen Flughafen kontinentalen Charakters aufnehmen müssen, die verkehrsgeographische Lage und Bedeutung des Raumes Hannover—Braunschweig und die noch nicht abgeschlossene Entwicklung des Flugwesens machen es jedoch erforderlich, schon heute die Größenordnung eines interkontinentalen Flughafens der Klasse A nach den ICAO-Empfehlungen vorzusehen. Die Schlechtwetter-Start- und Landebahn muß eine spätere Verlängerung auf 3000 m gestatten. Auch müssen ausreichende Flächen für die etwaige Anlage einer Parallelbahn zu dieser verfügbar sein.

Im wesentlichen sind folgende Ausbauforderungen bei der Überprüfung der Gelände zugrunde zu legen:

Grundlänge der Hauptstart- und Landebahn	2550 bzw. 3000 m
Länge etwaiger weiterer Start- und Landebahnen 70 bis 85% von	2550 bzw. 3000 m
Breite der Start- und Landebahnen	60 bzw. 45 m
Hindernisfreiheit in den Schlechtwetteranflugsektoren mindestens	1 : 50
Hindernisfreiheit in den Schönwetteranflugsektoren mindestens	1 : 40
Breite der Schlechtwetterstart-. und Landeflächen mindestens	300 m
Breite der übrigen Start- und Landeflächen mindestens	210 m
Breite der Zurollbahnen	30 bzw. 22,5 m

B. Anzahl und Lage der untersuchten Geländeflächen.

Der Raum Hannover—Braunschweig wurde südlich und nördlich der Autobahn nach zur Prüfung in Frage kommenden Geländen untersucht. Nach der Lage der einzelnen an anderer Stelle ermittelten Schwerpunkte aus dem jeweiligen Verkehrsaufkommen für den Luftverkehr müßten vor allem Gelände südlich der Autobahn herangezogen werden. Wie aus dem Übersichtsplan (Abb. 12) hervorgeht, ist der gesamte Raum in so besonderem Maße mit Hochspannungsleitungen belegt, die im wesentlichen vom Hauptlastverteiler Lehrte ausgehen, daß er einer eingehenderen Untersuchung nicht bedarf. Eine Verkabelung von Leitungen derartiger Spannungen ist praktisch nicht möglich und eine Änderung der Linienführung würde infolge der Lage des Hauptlastverteilers ebenfalls nicht zum Erfolg führen. Der Raum südlich der Autobahn Hannover—Braunschweig scheidet daher bei der Prüfung der Möglichkeiten für die Anlage eines Verkehrsflughafens Niedersachsen von vornherein aus.

Nördlich der Autobahn wurden, in der Reihenfolge von Westen nach Osten, folgende fünf Geländeflächen untersucht:

I. Das Gelände des früheren Militärflughafens Hannover-Langenhagen, nachfolgend mit Langenhagen bezeichnet.

II. Das Gelände des Altwarmbüchener Moors, nachfolgend mit Altwarmbüchen bezeichnet.

III. Das Gelände zwischen Immensen, Autobahn und Steinwedel, nachfolgend mit Immensen bezeichnet.

IV. Das Gelände östlich Burgdorf, nachfolgend mit Burgdorf bezeichnet.

V. Das Gelände zwischen Arpke, Sievershausen, Ölerse und Schwüblingsen, nachfolgend mit Sievershausen bezeichnet.

Der frühere Verkehrsflughafen Braunschweig-Waggum wurde infolge seiner Lage direkt bei Braunschweig nicht in die Reihe der für einen Flughafen Niedersachsen in Frage kommenden Gelände aufgenommen, jedoch trotzdem außerhalb der Vergleichsreihe einer kurzen technischen Betrachtung und Stellungnahme unterzogen.

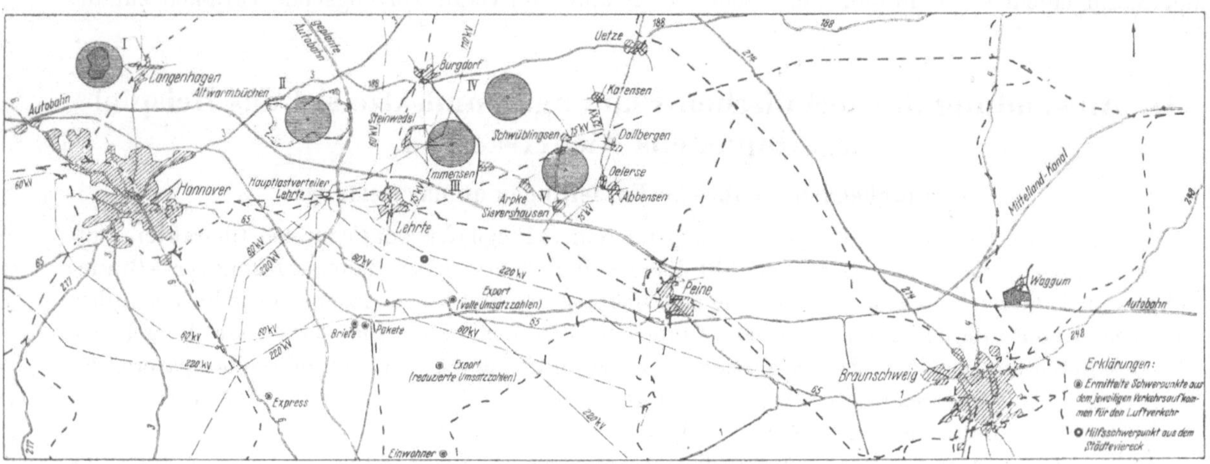

Abb. 12. Lage der untersuchten Geländeflächen für den Flughafen Niedersachsen.

Die untersuchten Flächen sind in Abb. 12 durch einen schraffierten Kreis von 3 km Durchmesser gekennzeichnet. Die Größe der schraffierten Fläche ist nicht identisch mit dem erforderlichen Geländebedarf, sondern soll nur zur Orientierung angenähert Standort und Umfang der Gelände bezeichnen, die der Einzeluntersuchung zugrunde gelegt wurden.

Die ursprüngliche Begrenzung der alten Flughäfen Langenhagen und Waggum ist zum Vergleich im Übersichtsplan besonders hervorgehoben.

C. Untersuchung und Bewertung der verschiedenen Geländeflächen.

Für jede Geländefläche wurden Vorentwürfe der Flughafenbetriebsflächen aufgestellt und danach die Ausbaumöglichkeiten nach den unter I. C genannten Gesichtspunkten kritisch beurteilt.

Die für Langenhagen und den früheren Verkehrsflughafen Vahrenwald vorliegenden Unterlagen über Häufigkeit und Stärke der Windrichtungen wurden für alle fünf Gelände zugrunde gelegt, was bei der Ausdehnung des untersuchten Bereiches von etwa 30 km und seiner einheitlichen topographischen Gestaltung vertretbar erscheint.

Die Lage der einzelnen Gelände zu den ermittelten Verkehrsschwerpunkten bzw. die Entfernung der ersteren von Hannover und Braunschweig nach Straßenkilometer und Fahrzeit wird noch gesondert behandelt und ist im Bewertungsschema, Planungsfaktor Nr. 3, zunächst noch nicht erfaßt.

1. Gelände I Langenhagen.

a) Beschreibung.

α) Geographische Lage.

    Östliche Begrenzung : Straße Evershorst—Langenhagen/Brink.
    Südliche   „   : Linie Godshorn—Schulenburg—Engelbostel.
    Westliche   „   : Nord-Südlinie durch Engelbostel.
    Nördliche   „   : Ost-West-Linie nördlich Evershorst.

β) Verkehrslage (Anschlußmöglichkeiten).

    Eisenbahn: Anschluß an die Strecke Hannover—Celle vorhanden.
    Straßen: Straßenverbindung von Hannover zum Gelände teils vorhanden, teils Ausbau erforderlich. Anschluß an Autobahn Hannover—Braunschweig vorhanden, Verbesserung dieses Anschlusses durch Umgehungsstraße möglich.

γ) Topographische Verhältnisse. Im ganzen einigermaßen ebenes Gelände ohne große Höhenunterschiede.

δ) Untergrund- und Vorflutverhältnisse. Geschiebesande und Geschiebelehme der vorletzten Eiszeit, die von Tonen der unteren Kreide in wechselnder Zusammensetzung unterlagert sind. Im westlichen Teil des Geländes steht teilweise Moorerde geringer Mächtigkeit an der Oberfläche an.

Grundwasserspiegel (Oktober 1950) 0,70 bis 1,10 m.

Bei Berücksichtigung der Erfahrungsgrundsätze für die Gestaltung des Unterbaues und der Entwässerung von Startbahnen ist der Untergrund für die Erstellung der Betriebsflächen geeignet.

Vorfluter (Trentelgraben) vorhanden. Letzterer dient für die bestehenden Anlagen bereits als Vorfluter.

ε) Bodenkultur und vorhandene Bebauung. Im wesentlichen Heideboden, Waldboden und anmooriger Boden mit Waldkulissen im Westen und Norden. Im Süden teilweise Acker- und Gemüsebau.

Die vorhandene Bebauung, auf die bei der Planung besondere Rücksicht zu nehmen ist, umfaßt die Ortslagen Langenhagen, Schulenburg, Engelbostel, eine Ziegelei und die bestehenden Flughafenbauten.

ζ) Hindernisfreiheit der Geländeumgebung und Erweiterungsmöglichkeit. Zur Erzielung eines hindernisfreien An- und Abflugs sind die Wohnhäuser an der Evershorster Straße, verschiedene Schornsteine in Langenhagen und einige Bauten in und nördlich Engelbostel bei der Planung besonders zu beachten. Diese Hindernisse lassen sich bei geeigneter Anordnung der Flugbetriebsflächen und Anflugsektoren umgehen, ohne daß eine Beseitigung erforderlich wird. Die Frage einer Befeuerung einzelner Hindernisse wäre später gesondert zu überprüfen.

Erweiterungsmöglichkeit der Flugbetriebsflächen über das Ausmaß der ICAO-Empfehlungen — Klasse A — hinaus ist nach allen benötigten Richtungen gegeben.

Infolge der Nachbarlage des Militärflughafens Wunstorf tritt eine gewisse Überschneidung der Schlechtwetteranflugsektoren der beiden etwa 18 km Luftlinie voneinander entfernt liegenden Flughäfen ein. Bei Schlechtwetterlagen ist daher zur einwandfreien Durchführung eine Koordinierung des Betriebes erforderlich. Eine derartige Abstimmung des Betriebes ist üblich und hat sich in Großstädten mit mehreren Flughäfen bewährt. Die Zustimmung der maßgebenden englischen Militärdienststellen ist hierzu notwendig.

η) Meteorologische und klimatische Verhältnisse.

αα) Windrichtung (in der Reihenfolge der Häufigkeit)

        O — W zusammen etwa 42 %
      NO — SW   „   „   22 %
      NW — SO   „   „   18 %
        N — S   „   „   12 %
      Windstille   6 %

ββ) Windstärke. Die Auswertung der vorliegenden Windstärkewerte für die Jahre 1935 bis 1944 und 1946 bis 1950 nach den ICAO-Empfehlungen ergibt für eine etwa in O-W-Richtung angeordnete Start- und Landebahn einen Betriebswert von 98%. Hierbei ist von dem meteorologisch ungünstigeren Winterhalbjahr mit den größeren Windstärken ausgegangen. Vierteljahres- oder Monatsstatistiken standen nicht zur Verfügung. Die im Abschnitt I D 1 erwähnte Verringerung des Betriebswertes gegenüber den mittleren Jahreswerten (Abb. 4) ist erkennbar. Die ICAO-Empfehlung (95%) ist damit bereits mit einer Startbahnrichtung erfüllt.

Wird für leichtere und daher seitenwindempfindlichere Flugzeuge vorsorglich eine zweite Start- und Landebahnrichtung (NO-SW) herangezogen, dann erhöht sich der Betriebswert des Bahnsystems auf 99,6%. Eine dritte Startbahnrichtung ließe sich im Gelände zwar einordnen, sie bringt aber keine nennenswerte Verbesserung des Betriebswertes (99,8 an Stelle von 99,6) und es besteht bei der erreichten Nutzbarkeit im vorliegenden Fall auch grundsätzlich kein zwingender Anlaß, eine solche vorzusehen.

γγ) Nebelhäufigkeit. Die Zahl der Nebeltage ist zwar in den einzelnen Jahren erheblichen Schwankungen unterworfen, sie zeigt jedoch im Vergleich zu anderen Flughäfen für Langenhagen verhältnismäßig geringe Nebelhäufigkeit.

b) Beurteilung. Die Hindernisfreiheit der Umgebung des Geländes liegt im Rahmen der Standardforderungen der ICAO. Bei Schlechtwetterlagen ist eine Abstimmung des Betriebs mit demjenigen des benachbarten Militärflughafens Wunstorf erforderlich. Erweiterungsmöglichkeit der Flugbetriebsflächen über die Ausmaße der Klasse A der ICAO-Empfehlungen hinaus vorhanden. Bewertung: „geeignet".

Das Gelände ist meteorologisch „gut geeignet".

Nach seinen verkehrlichen Anschlußmöglichkeiten „gut geeignet".

Das Gelände ist hinsichtlich Umfang der Erdmassenbewegung und Baudurchführung als „gut geeignet" zu beurteilen.

Der Untergrund ist für die Anlage von befestigten Betriebsflächen als geeignet zu bezeichnen. Zusammen mit der Tatsache, daß das Gelände im wesentlichen keinen landwirtschaftlich wertvollen Boden umfaßt, ist dieser Faktor mit „gut geeignet" zu bezeichnen.

Zusammenfassung: Gelände I für die Anlage eines Großflughafens geeignet.

c) Wertungszahl. (vgl. Bewertungsstufen S. 35)

$$\begin{array}{lrcrcr}
\alpha) & 3 & \times & 0 & = & 0 \\
\beta) & 1,5 & \times & +1 & = & +1,5 \\
\gamma) & 1 & \times & +1 & = & +1 \\
\delta) & 1 & \times & +1 & = & +1 \\
\varepsilon) & 1 & \times & +1 & = & +1 \\
\hline
& & & & & +4,5
\end{array}$$

2. Gelände II Altwarmbüchen.

a) Beschreibung.

α) Geographische Lage.

Östliche	Begrenzung :	Straße Burgdorf—Aligse.
Südliche	„	Autobahn Hannover—Braunschweig.
Westliche	„	Autobahn und Bundesstraße 3.
Nördliche	„	Bundesstraße 3.

β) Verkehrslage (Anschlußmöglichkeiten).

Eisenbahn : Strecke Lehrte—Celle.
Straßen   : Autobahn Hannover—Braunschweig
Bundesstraße 3.

γ) Topographische Verhältnisse. Ebenes bis mäßig bewegtes Gelände mit vielen kleinen Senken, Stichen und Wassergräben.

δ) Untergrund- und Vorflutverhältnisse. Nasses Hochmoor, das in seinem westlichen Teil in einer Mächtigkeit bis zu 4,8 m ansteht. Im östlichen Teil ist die mehr oder weniger zersetzte Torfschicht im Durchschnitt 2,5 m stark. Darunter folgt mittel- bis feinkörniger weißer Sand. Der Grundwasserspiegel bewegt sich um 0,30 bis 0,50 m.

Der Wasserabführung ist bei diesem hohen Grundwasserstand besondere Sorgfalt zu widmen. Ein diesbezügliches Projekt liegt beim Wasserwirtschaftsamt Hannover vor.

ε) Bodenkultur und vorhandene Bebauung. Für Ackerbau nur zum Teil geeignet, für Grünland mäßig, Bodengüte nach der Wirtschaftsnutzungskarte 10 bis 27. Am Rand des Moors überall Torfstich. Teilweise bewaldet. Nennenswerte Bebauung nicht vorhanden. Nur kleine Siedlerstellen am Rand des Moors.

ζ) Hindernisfreiheit der Geländeumgebung und Erweiterungsmöglichkeit. Mit Ausnahme von zwei Schornsteinen der Ziegelei Altwarmbüchen am NW-Rand des Moors keine Hindernisse vorhanden.

Die große Ausdehnung des Geländes von 5 × 3 km bis zu der im Osten geplanten Autobahn gestattet ausreichende Erweiterungsmöglichkeit.

η) Meteorologische und klimatische Verhältnisse.

αα) Windrichtung wie Gelände I.

ββ) Windstärke wie Gelände I.

γγ) Die Nebelhäufigkeit wird durch den Einfluß des nassen Hochmoors wesentlich stärker in Erscheinung treten als im gesamten Bereich der übrigen untersuchten Geländeflächen.

b) Beurteilung. Das Gelände bietet gute Hindernisfreiheit und Erweiterungsmöglichkeit („gut geeignet") und liegt durch die unmittelbare Nähe der vorhandenen O-W- und der geplanten N-S-Autobahn auch verkehrsgünstig („gut geeignet").

Infolge stärkerer Neigung zu Nebelbildung klimatisch „wenig geeignet".

Es umfaßt auch kein landwirtschaftlich wertvolles Gebiet. Der Untergrund ist jedoch denkbar ungünstig und die bei der Wahl dieses Geländes erforderliche Beseitigung der 2,5 bis 4,8 m starken Torfschicht unter den Betriebsflächen würde zu untragbar hohen Baukosten und sehr langer Bauzeit führen („wenig geeignet" bzw. „ungeeignet").

Die am Rand des Moors liegenden Flächen nördlich und südlich Kolshorn wurden ebenfalls untersucht. Sie reichen jedoch flächenmäßig für eine Flughafenanlage nicht aus und werden zudem von der geplanten Autobahn Nord-Süd und einer 60 KV Hochspannungsleitung durchzogen.

Zusammenfassung: Gelände II für die Anlage eines Großflughafens nicht geeignet.

c) Wertungszahl.

$$
\begin{array}{lrcr}
\alpha) & 3 & \times + 1 = & + 3 \\
\beta) & 1,5 & \times - 1 = & - 1,5 \\
\gamma) & 1 & \times + 1 = & + 1 \\
\delta) & 1 & \times - 1 = & - 1 \\
\varepsilon) & 1 & \times - 2 = & - 2 \\
\hline
 & & & - 0,5
\end{array}
$$

3. Gelände III Immensen.

a) Beschreibung.

α) Geographische Lage.

Östliche	Begrenzung :	Nord-Süd-Linie durch Immensen.
Südliche	„	Bahnlinie Lehrte—Wolfsburg, Autobahn Hannover—Braunschweig.
Westliche	„	Ortschaft Steinwedel und Bahnlinie Lehrte—Celle.
Nördliche	„	Ost-West-Linie durch Röddensen und Steinwedel.

β) Verkehrslage (Anschlußmöglichkeiten).

Eisenbahn : Anschlußmöglichkeit an Strecke Lehrte—Celle bzw. Lehrte—Wolfsburg.
Straßen : Anschlußmöglichkeit an Autobahn Hannover—Braunschweig.

γ) Topographische Verhältnisse. Ebenes bis mäßig bewegtes Gelände.

δ) Untergrund- und Vorflutverhältnisse. Aus vorhandener alter Sandgrube konnten Rückschlüsse auf das Bodenprofil gezogen werden, wobei Mutterboden von 0,3 bis 0,5 m, lehmiger Sand von 0,2 bis 0,3 m und darunter Sand anstand. Im wesentlichen handelt es sich um Sand, in dem in Teilflächen mehr oder weniger lehmige Bestandteile enthalten sind. Entlang dem Niederungsgebiet der Aue und einem von NO nach SW verlaufenden, in diese einmündenden Graben ist anmooriger Boden vorhanden. Der Grundwasserstand erfordert keine besonderen bautechnischen Maßnahmen.

Als Vorfluter könnte die Aue herangezogen werden.

ε) **Bodenkultur und vorhandene Bebauung.** In der Wirtschaftsnutzungskarte ist der natürliche Bodenwert als sehr schlecht (1 bis 16), in kleineren Teilflächen als z. T. gering (25 bis 40) und z. T. gut geeignet (41 bis 57) angegeben. Die neuerdings erfolgte Bewertung kommt zu einer tatsächlichen Bodengüte von 38 bis 55.

Im wesentlichen werden Hackfrüchte und Gemüse, Getreide, Kartoffeln und Zuckerrüben angebaut.

Eine Bebauung des Geländes ist mit Ausnahme einiger Schuppen oder Scheunen nicht vorhanden.

ζ) **Hindernisfreiheit der Geländeumgebung und Erweiterungsmöglichkeit.** Bei der Untersuchung zu beachtende Hindernisse bzw. Einschränkungen sind:

Osten   : Ortslage Immensen, Ziegelei und Eisenbahnlinie Lehrte—Wolfsburg.
Süden   : Autobahn und Bahnlinie Lehrte—Wolfsburg, 5 Schornsteine und Wasserturm in Lehrte.
Westen : Niederungsgebiet der Aue, 110-KV- und 15-KV-Hochspannungsleitung.
Norden : 110-KV-Hochspannungsleitung Ahlten—Burgdorf—Lüneburg.

Eine zweckmäßige Anordnung der Betriebsflächen südlich der Linie Immensen-Aligse erscheint infolge der Einengung durch Autobahn, Bahnlinie und Ortslage Immensen nicht möglich. Die 15-KV-Leitung könnte zwar verkabelt und das Niederungsgebiet der Aue überquert werden, aber es lassen sich trotzdem für einen Großflughafen keine idealen Anflugverhältnisse mit Erweiterungsmöglichkeiten schaffen.

Nördlich der Linie Aligse-Immensen ließe sich in ausreichendem seitlichem Abstand von Steinwedel ein geeignetes Startbahnsystem anlegen, wobei jedoch eine Verlegung der 28 m hohen 110-KV-Hochspannungsleitung auf die Westseite der Ortschaften Aligse und Steinwedel entlang den vorhandenen Niederungen (Aue usw.) zur Erzielung eines hindernisfreien Anflugs aus Sicherheitsgründen erforderlich ist.

η) **Meteorologische und klimatische Verhältnisse.**

αα) Windrichtung wie Gelände I.

ββ) Windstärke wie Gelände I.

γγ) Inwieweit das Niederungsgebiet der Aue die Nebelbildung im Bereich dieses Geländes fördert, bedarf einer gesonderten Erhebung.

b) Beurteilung. Das Gelände bietet ausreichende Hindernisfreiheit und Erweiterungsmöglichkeit nur nördlich der Linie Immensen-Aligse und nur unter der Voraussetzung, daß die 110-KV-Hochspannungsleitung auf eine Länge von etwa 10 km nach Westen verlegt wird („wenig geeignet").

Meteorologisch und klimatisch vorbehaltlich der Klärung des Punktes η) γγ) „gut geeignet".

Die Anschlußmöglichkeiten an Autobahn und Eisenbahn sind bei einer Lage etwa 2,5 km nördlich der ersteren als günstig anzusprechen („gut geeignet").

Topographische Verhältnisse „gut geeignet".

Die verhältnismäßig gute Bodenkultur und der bautechnisch gesehen gute Untergrund ergeben zusammen das Prädikat „geeignet".

Zusammenfassung: Gelände III für die Anlage eines Großflughafens mit den eingangs genannten Einschränkungen geeignet.

c) Wertungszahl.

$$\begin{array}{rlll}
\alpha) & 3 & \times -1 = & -3 \\
\beta) & 1{,}5 & \times +1 = & +1{,}5 \\
\gamma) & 1 & \times +1 = & +1 \\
\delta) & 1 & \times +1 = & +1 \\
\varepsilon) & 1 & \times 0 = & 0 \\
\hline
 & & & +0{,}5
\end{array}$$

4. Gelände IV Burgdorf.

a) Beschreibung.

α) Geographische Lage.

Östliche	Begrenzung :	Linie Schwüblingsen—Altmerdingsen.
Südliche	„ :	„ Schwüblingsen—Immensen.
Westliche	„ :	Straße Immensen—Burgdorf.
Nördliche .	„ :	Bundesstraße 188.

β) Verkehrslage (Anschlußmöglichkeiten).

Eisenbahn : Anschlußmöglichkeit an Strecke Lehrte—Wolfsburg.
Straße : „ „ Autobahn Hannover—Braunschweig.

γ) Topographische Verhältnisse. Im wesentlichen ebenes bis mäßig bewegtes Gelände.

δ) Untergrund- und Vorflutverhältnisse. Der vorhandene Bodentyp fällt im wesentlichen unter die rostfarbenen Waldböden. Im östlichen und südlichen Teil handelt es sich entsprechend dem Einfluß der Seebeeke in begrenztem Umfang um anmoorigen Boden. Unter dem Waldboden steht Sand an. Der Grundwasserstand erfordert keine besonderen bautechnischen Maßnahmen.

Als Vorfluter könnte die Seebeeke benutzt werden.

ε) Bodenkultur und vorhandene Bebauung. Es handelt sich ausschließlich um Waldgelände der Staatsforstverwaltung mit unterschiedlichem Baumbestand und der üblichen mäßigen Güte des Waldbodens.

Mit Ausnahmen von zwei Jagdhäusern ist keine Bebauung auf dem Gelände vorhanden.

ζ) Hindernisfreiheit der Geländeumgebung und Erweiterungsmöglichkeit. Die von Nord nach Süd verlaufende Seebeeke bildet zweckmäßig die westliche Begrenzung des Geländes. Bis auf die Westseite ist nach allen Richtungen gute Hindernisfreiheit gegeben. Im Westen führt die 110-KV-Hochspannungsleitung Lüneburg—Burgdorf—Ahlten in etwa 1500 m Abstand vom geplanten Ende der Flugbetriebsflächen von Norden nach Süden. Dies ist aus Gründen der erforderlichen Hindernisfreiheit und Sicherheit nicht tragbar. Es ist daher notwendig, entweder die Hochspannungsleitung auf eine Länge von etwa 7 km um etwa 2 km nach Westen zu verlegen oder aber das Flughafengelände um 2 km nach Osten zu verschieben, wobei eine umfangreiche Bachverlegung bzw. Verrohrung, die in diesem Abschnitt schlechteren Untergrundverhältnisse und eine 2 km längere Zufahrtstraße in Kauf genommen werden müssen.

Der Wald müßte für den ersten Ausbau des Flughafens in 3,5 bis 4 km Länge und etwa 800 m Breite abgeholzt werden.

η) Meteorologische und klimatische Verhältnisse.

αα) Windrichtung wie Gelände I.

ββ) Windstärke wie Gelände I.

γγ) Bei der bescheidenen Gesamtgröße des Waldes und dem angegebenen Umfang der Abholzung ist kaum mit einer wesentlich erhöhten Nebelhäufigkeit zu rechnen.

b) Beurteilung. Die zweckmäßige Lage der Flugbetriebsflächen westlich des Seebeeke-Baches erfordert aus Gründen der Flugsicherheit eine Verlegung der 110-KV-Hochspannungsleitung nach Westen. Diese Verlegung braucht nicht zu erfolgen, wenn das Flughafengelände weiter nach Osten verschoben wird, wobei aber weniger günstige Geländeverhältnisse und eine längere Zufahrtstraße in Kauf genommen werden müssen („geeignet").

Klimatische Beurteilung infolge der Lage im Wald nur „geeignet".

Die Länge der Zufahrtstraße von etwa 8 km bis zur Autobahn ist im Vergleich zu den übrigen Geländen als wenig günstig zu bezeichnen („wenig geeignet").

Die topographischen Verhältnisse sowie Bodenkultur und Untergrund sind für die Anlage eines Flughafens im ganzen als günstig zu beurteilen („gut geeignet").

Zusammenfassung: Gelände IV für die Anlage eines Großflughafens nur bedingt geeignet.

c) Wertungszahl.

$$
\begin{array}{llrl}
\alpha) & 3 & \times \ \ 0 = & 0 \\
\beta) & 1,5 & \times \ \ 0 = & 0 \\
\gamma) & 1 & \times -1 = & -1 \\
\delta) & 1 & \times +1 = & +1 \\
\varepsilon) & 1 & \times +1 = & +1 \\
\hline
 & & & +1
\end{array}
$$

5. Gelände V Sievershausen.

a) Beschreibung.

α) Geographische Lage.

Östliche Begrenzung :, Ölerse und Straße nach Dollbergen.
Südliche „ : Linie Ölerse—Sievershausen—Arpke.
Westliche „ : „ Sievershausen—Arpke bis zur Bahnlinie.
Nördliche „ : Eisenbahnlinie Lehrte—Wolfsburg.

β) Verkehrslage (Anschlußmöglichkeiten).

Eisenbahn : Anschlußmöglichkeit an Strecke Lehrte—Wolfsburg.
Straße : „ „ Autobahn Hannover—Braunschweig.

γ) Topographische Verhältnisse. Weitgehend ebenes Gelände ohne nennenswerte Variierung.

δ) Untergrund- und Vorflutverhältnisse. In den verschiedenen Geländeteilen steht unter einer 20 bis 40 cm starken Mutterbodenschicht teils Sand verschiedener Körnung, teils sandiger Lehm, teils sandiger Kies an. Im Nordwesten ist auf einer Teilfläche anmooriger Boden vorhanden. Der Grundwasserstand erfordert keine besonderen bautechnischen Maßnahmen.

Als Vorfluter kann die etwa 2 km westlich von Süd nach Nord verlaufende Fuse benutzt werden.

ε) Bodenkultur und vorhandene Bebauung. In der Wirtschaftsnutzungskarte ist der Boden hinsichtlich seines natürlichen Wertes ähnlich bewertet wie beim Gelände III (Immensen). Seine tatsächliche Bodengüte liegt ebenfalls bei 38 bis 55. Die Hackfrucht- und Gemüseflächen stehen wiederum an der Spitze, gefolgt von den Getreide-, Zuckerrüben- und Kartoffelflächen.

Das Gelände weist außer einigen Schuppen bzw. Scheunen keine Bebauung auf.

ζ) Hindernisfreiheit der Geländeumgebung und Erweiterungsmöglichkeit. Entscheidend für die Möglichkeit der Gestaltung der Flugbetriebsflächen ist die Lage der Ortschaften Arpke, Sievershausen und Ölerse. Da Arpke und Ölerse genau auf einer Ost-Westlinie liegen, können die hauptsächlich in Ost-Westrichtung orientierten Betriebsflächen nur nördlich oder südlich dieser Linie angeordnet werden. Infolge der Ortslage Sievershausen scheidet die Südlage aus. Durch die notwendige Verschiebung des Startbahnsystems nach Norden und die vorhandene von Nordost nach Südwest verlaufende Eisenbahnlinie Lehrte—Wolfsburg bietet das Gelände nicht mehr die freizügige Erweiterungsmöglichkeit, die sein erheblicher Geländeumfang zunächst erwarten läßt. Für die heute übersehbare Größenordnung der Startbahnen (3000 m) reicht es aus. Der Schornstein der Raffinerie Dollbergen und der der Ziegelei westlich Sievershausen muß bei der Planung einer Nordost-Südwest-Startbahn möglichst umgangen werden.

η) Meteorologische und klimatische Verhältnisse.

αα) Windrichtung wie Gelände I.

ββ) Windstärke wie Gelände I.

γγ) Nebelhäufigkeit wie Gelände I.

b) Beurteilung. Das Gelände bietet gute Hindernisfreiheit und für die heute übersehbaren Anforderungen ausreichende Ausbaumöglichkeit. Es kann jedoch infolge der für eine zukünftige größere Erweiterung erkennbaren Einengung nur mit „geeignet" bewertet werden.

Klimatisch und meteorologisch „gut geeignet".

Die Lage zur Autobahn ist günstig mit noch tragbarer Länge der Anschlußstraße („gut geeignet").

Die topographischen Verhältnisse sind als sehr günstig zu bezeichnen („sehr gut geeignet").

Dem für den Startbahnbau im wesentlichen gut geeigneten Unterbau steht als Nachteil die gute landwirtschaftliche Eignung des Bodens gegenüber, daher Bewertung nur „geeignet".

Zusammenfassung: Gelände V für die Anlage eines Großflughafens geeignet.

c) Wertungszahl.

$$
\begin{array}{llllll}
\alpha) & 3 & \times & 0 & = & 0 \\
\beta) & 1{,}5 & \times & +1 & = & +1{,}5 \\
\gamma) & 1 & \times & +1 & = & +1 \\
\delta) & 1 & \times & +2 & = & +2 \\
\varepsilon) & 1 & \times & 0 & = & 0 \\
\hline
& & & & & +4{,}5
\end{array}
$$

D. Vergleich der untersuchten Geländeflächen unter besonderer Berücksichtigung der Anlagekosten und der Entfernung von Hannover und Braunschweig.

In der vorhergehenden Einzeluntersuchung haben die Geländeflächen folgende Bewertung erhalten:

1. Langenhagen   + 4,5
2. Altwarmbüchen   − 0,5
3. Immensen   + 0,5
4. Burgdorf   + 1
5. Sievershausen   + 4,5

Das Ergebnis der Voruntersuchung und generellen Beurteilung zeigt, daß zwei Gelände geeignet, zwei nur bedingt geeignet und eines ungeeignet ist.

Für den weiteren Vergleich wird das ungeeignete Gelände 2 (Altwarmbüchen) ausgeschieden.

In der nachfolgenden Tabelle sind die Entfernungen der einzelnen Gelände von Hannover und Braunschweig in Straßenkilometer und Fahrzeit sowie die Anlagekosten nach dem Stand vom Juni·1951 wiedergegeben.

Entfernung und Fahrzeit von Hannover und Braunschweig zu den verschiedenen Geländeflächen und deren Ausbaukosten im ersten Bauabschnitt

		Entfernung von		Fahr-zeit[1]	Anlagekosten (1. Ausbau)			
		RAB[2]	Straße		Flughafen-anlagen	Zufahrtstraße		Insgesamt
	Stadtmitte	km	km	min	DM	km	DM	DM
1	2	3	4	5	6	7	8	9
I Langen-hagen	Han-nover	—	10	16	11.050.000	Ausbau der vorh. Straße	250.000	11.300.000
	Braun-schweig	56,5	10,5	59				
III Immen-sen	Han-nover	21,0	9,0	30	16.675.000	3 km + RAB-Abfahrt	1.025.000	17.700.000
	Braun-schweig	35,5	8,5	40				
IV Burg-dorf	Han-nover	21,0	14,0	36	17.765.000	8 km + RAB Abfahrt	2.135.000	19.900.000
	Braun-schweig	35,5	13,5	46				
V Sievers-hausen	Han-nover	28,5	9,0	36	15.475.000	3 km + RAB-Abfahrt	1.025.000	16.500.000
	Braun-schweig	28,0	8,5	35				

Es zeigt sich, daß das Gelände 4 Burgdorf verkehrlich für beide Städte recht ungünstig liegt und eine lange Anfahrtzeit erfordert. Auch die Anlagekosten sind hier infolge der längeren Zufahrtstraße und der längeren Versorgungsleitungen wesentlich höher als bei den übrigen Varianten.

Das Gelände 3 Immensen weist demgegenüber zwar etwas kürzere Zubringerzeiten auf und liegt auch den ermittelten Verkehrsschwerpunkten am nächsten, erfordert jedoch mit der Notwendigkeit der Verlegung der 110-KV-Hochspannungsleitung erhebliche zusätzliche Kosten. Schließlich spricht der landwirtschaftlich verhältnismäßig gut zu bewertende Boden gegen die Auswahl dieses Geländes.

---

[1] Geschwindigkeiten: Stadtfahrt 25 km/h, Straßen 50 km/h, Autobahn 80 km/h.

[2] Autobahn.

Es verbleiben schließlich die Gelände I Langenhagen und V Sievershausen, die in der Gesamtheit betrachtet technisch etwa gleich zu bewerten sind. Für die Wahl eines der beiden Gelände sind daher in erster Linie die verkehrlichen und finanziellen Gesichtspunkte maßgebend.

Bei der Ermittlung der Anlagekosten ist vom ersten Ausbau ausgegangen, der eine Startbahn von 2000 × 45 m mit Zurollbahnen und Vorfeld, die Befeuerungs- und Flugsicherungseinrichtungen, sowie alle sonstigen Verkehrs- und Betriebsanlagen umfaßt. Die Grunderwerbskosten sind ebenfalls enthalten.

Bei einem Endausbau (O-W-Startbahn 3000 m, Querstartbahn 2000 m ohne Parallelstartbahn und weitere Betriebsbauten) erhöhen sich die genannten Anlagekosten um weitere 15 bis 18 Millionen Mark.

Die Entfernung vom Stadtzentrum sollte für einen kontinentalen Flughafen aus wirtschaftlichen und psychologischen Gründen nicht mehr als 15 km betragen. Alle deutschen Flughäfen, für die sich ein Durchschnitt von etwa 9 km ergibt, bleiben unter diesem Maß. Im Vergleich zu diesen Feststellungen erfüllen nur die Flughäfen Langenhagen und Waggum mit 10,0 bzw. 7,5 km die Forderung nach einer möglichst nahen Lage des Flughafens zur wichtigsten Stadt des Luftverkehrsbedarfs.

Die Schlußfolgerungen für die zweckmäßigste Wahl zwischen dem Gelände Langenhagen einerseits und Sievershausen andererseits, für die bei technisch etwa gleicher Beurteilung in erster Linie die Verkehrsbedarfslage in Abhängigkeit von den Schwerpunkten für den Reise-, Fracht- und Postverkehr, die vielfältige Bedeutung der Stadt Hannover und finanzielle Gesichtspunkte maßgebend sind, sind nicht Gegenstand dieser Untersuchung.

III. Zusammenfassung.

Die Entwicklung der letzten 30 Jahre in der Luftfahrt hat gezeigt, daß bei der Gestaltung der Flughäfen in den meisten Fällen nicht weitschauend genug vorgegangen wurde. Der Bau von Flughäfen ist eine sehr kostspielige Angelegenheit. Ihre Planung bedarf daher einer besonders sorgfältigen und weitschauenden Bearbeitung. Die Planungsgrundsätze haben gegenüber früher eine erhebliche Wandlung erfahren. Ein grundlegendes Erfordernis, sowohl für neue, als auch schon bestehende Flughäfen, ist die Aufstellung eines Generalausbauplanes, der den maximal möglichen zukünftigen Endausbau enthalten muß. Nach Fertigstellung dieser einmaligen Vorarbeit ist die weitere Aufgabe des planenden Bauingenieurs und der übrigen beteiligten Disziplinen, diesen Ausbauplan in betrieblich bedingten Einzelabschnitten mit den geringsten finanziellen Aufwendungen in die Wirklichkeit umzusetzen.

Aus dem Generalausbauplan ist der Bauhöhenplan für die Flughafenumgebung zu entwickeln, der hinsichtlich der Höhenbeschränkung maßgebend ist für die gesamte zukünftige Bebauung in seiner Nähe.

Ausgehend von den allgemeinen Empfehlungen der ICAO und den Bestimmungen des deutschen Luftverkehrsgesetzes wurden im Teil I die wesentlichen Grundsätze für die moderne flugbetriebstechnische Planung und bautechnische Gestaltung besprochen und kurz zusammengefaßt.

Für die vergleichende Bearbeitung von mehreren Auswahlgeländen für einen Flughafen wurde ein Bewertungsschema aufgestellt und zur Ermittlung der benötigten Anzahl von Start- und Landebahnrichtungen ein einfaches graphisches Verfahren gezeigt. Die aus wissenschaftlichen Untersuchungen gewonnenen Erkenntnisse konnten durch vielfache praktische Erfahrungen untermauert und ergänzt werden.

Im Teil II wurde nach den grundlegenden Ausführungen im Teil I am Beispiel des Flughafens Niedersachsen eine vergleichende Untersuchung an einer Reihe von in Frage kommenden Flughafengeländen durchgeführt und eine Methode der zweckmäßigen Auswahl in bezug auf die technische Seite der Planung erläutert.

Literaturübersicht für beide Abhandlungen

Bücher und Schriften:

Airport Paving, U. S. Department of Commerce, Civil Aeronautics Administration, 1948.

Bärmann, J.: „Möglichkeiten der Weiterentwicklung im internationalen Verkehrsrecht", Heft 12/1952, Internationales Archiv für Verkehrswesen, Mainz 1952.

British European Airways, Reports and Accounts for 1950/1951, London ,1951.

Eichler-Röhm: „Luftfrachtweltverkehr und westdeutscher Export", Heft 17 der Verkehrswissenschaftlichen Veröffentlichungen des Ministeriums für Wirtschaft und Verkehr Nordrhein-Westfalen, Düsseldorf, 1951.

Gesetz zur Änderung und Ergänzung des Luftverkehrsgesetzes vom 27. September 1938, RGBl. 1938, Teil I, Nr. 151, S. 1246.

Hansen, E.: „Das Flugzeug im Wettbewerb mit Eisenbahn und Überseeschiffahrt", herausgegeben vom Luftreisedienst Niedersachsen, Hannover, 1951.

ICAO, Doc. 4809—AGA 558, vom 29. Oktober 1950, und Annex 14, Montreal.

Masefield, Peter, G.: „Some Economic Factors in Civil Aviation", Journal of the Royal Aeronautical Society, 1948.

Meyer, A.: „Zur Frage der Neuorganisation des europäischen Luftlinienverkehrs", Heft 2/1952, Zeitschrift für Luftrecht, Köln 1952.

Piper, H.: „Flughafenzubringerdienst", herausgegeben vom Luftreisedienst Niedersachsen, Hannover, 1951.

Pirath, C.: „Die Grundlagen der Verkehrswirtschaft", Berlin, 1949. Forschungsheft 11 und 13 des Verkehrswissenschaftlichen Instituts für Luftfahrt, Berlin 1937 und 1939.

Porger, V.: „Vom Zeithaushalt der Luftreise im europäischen Luftverkehr", Nr. 28/1951, Zeitschrift des Vereins Deutscher Ingenieure, Düsseldorf 1951.

Tomasino, S.: „Gli imballaggi per il trasporto aero", Rom, 1951.

Wegerdt-Diehl: „Probleme des deutschen Luftrechts", Heft 16 der Verkehrswissenschaftlichen Veröffentlichungen des Ministeriums für Wirtschaft und Verkehr Nordrhein-Westfalen, Düsseldorf, 1951.

Zahnd, R.: „Stand und Entwicklungsfragen des Luftgüterverkehrs 1948", Dissertation, Universität Bern, 1950.

Zeitschriften und Statistiken:

Interavia, Querschnitt durch den Weltluftverkehr, Genf 1948—1951.

Internationales Archiv für Verkehrswesen, Mainz 1951.

Weltluftfahrt, Coburg 1951.

Zeitschrift für das Post- und Fernmeldewesen, Frankfurt 1951.

ABC World Airways and Shipping Guide, London 1950.

Air Transport Facts and Figures, Air Transport Association of America (ATA), Washington 1950.

Betriebsstatistik der Mitglieder der International Air Transport Association (IATA), Montreal 1950.

„Recurrent Reports of Mileage and Traffic Data" des Civil Aeronautics Board (CAB), Washington 1950.

Digest of Statistics No. 15 International Civil Aviation Organisation (ICAO), Montreal 1950.

Zeitschrift für Luftrecht, Köln 1952.

ÜBERSICHT
ÜBER DIE BISHER ERSCHIENENEN FORSCHUNGSHEFTE
DES INSTITUTS